CHENGYU DIQU

都市农业发展战略研究

DUSHI NONGYE FAZHAN ZHANLUE YANJIU

王 柟 等 编著

中国农业科学技术出版社

图书在版编目（CIP）数据

成渝地区都市农业发展战略研究 / 王栿等编著. --北京：中国农业科学
技术出版社，2022.11
　ISBN 978-7-5116-6046-6

　Ⅰ.①成…　Ⅱ.①王…　Ⅲ.①都市农业－农业发展－研究－成都 ②都
市农业－农业发展－研究－重庆　Ⅳ.①F327.711 ②F327.719

中国版本图书馆CIP数据核字（2022）第 225289 号

责任编辑　李　华
责任校对　李向荣
责任印制　姜义伟　　王思文

出 版 者　中国农业科学技术出版社
　　　　　北京市中关村南大街 12 号　　　邮编：100081
电　　话　（010）82109708（编辑室）　　（010）82109702（发行部）
　　　　　（010）82109709（读者服务部）
网　　址　https: // castp.caas.cn
经 销 者　各地新华书店
印 刷 者　北京建宏印刷有限公司
开　　本　185mm×260mm　1/16
印　　张　13
字　　数　267 千字
版　　次　2022 年 11 月第 1 版　　2022 年 11 月第 1 次印刷
定　　价　85.00 元

《成渝地区都市农业发展战略研究》

编著委员会

主　编　著：王　栯

副主编著：朱　利　邴塬皓　费书朗

编著人员：陈秋燕　李红妍　赵　蕾　张　璐

　　　　　朱丽君　王　成　钱　壮　周　波

　　　　　康子秋　李　一　张英蓉　邬滨瑶

　　　　　杨菲菲　陈雯婧　马泽宇

目 录

1 成渝地区发展基本情况 ················ 1

  1.1 成渝地区人文地理情况 ················ 1

  1.2 成渝地区社会经济发展情况 ············ 5

  1.3 成渝地区农业农村发展情况 ············ 19

2 成渝地区发展机遇与挑战 ·············· 29

  2.1 成渝地区发展前景与优势 ·············· 29

  2.2 成渝地区发展机遇 ···················· 35

  2.3 成渝地区发展挑战与困境 ·············· 37

3 成渝地区产业发展趋势研判 ············ 45

  3.1 持续重视产业生态可持续 ·············· 45

  3.2 充分强调产品高质量供应 ·············· 50

  3.3 加快探索多元产业场景打造 ············ 54

  3.4 重点提升产业市场竞争力 ·············· 58

  3.5 深化推动区域产业资源整合 ············ 61

4 成渝地区都市农业发展体系探索 ········ 64

  4.1 都市农业相关概念研究与发展历程 ······ 65

  4.2 都市农业内涵探讨与趋势展望 ·········· 71

  4.3 成渝地区发展都市农业重要性 ·········· 76

  4.4 成渝地区都市农业发展体系初构 ········ 83

5 绿色发展：奠基都市农业生态环境基础 ·············· 86

 5.1 厘清都市农业资源基础与布局 ·············· 86

 5.2 推动都市农业产业绿色低碳循环发展 ·············· 89

 5.3 强化都市农业绿色发展外部条件 ·············· 95

 5.4 探索都市农业区域协同绿色治理机制 ·············· 102

6 供应保障：优化成渝城市食物供应系统 ·············· 106

 6.1 先进地区食物供应系统实践案例分析 ·············· 106

 6.2 优化新时代"天府粮仓"产业布局 ·············· 115

 6.3 成渝城市食物供应效率评估框架探索 ·············· 117

 6.4 关键环节数据采集方式与技术升级 ·············· 119

7 功能丰富：打造城市圈都市农业新场景 ·············· 121

 7.1 丰富城郊乡村休闲场景 ·············· 121

 7.2 创新城市农业体验场景 ·············· 125

 7.3 营造城乡农产品消费场景 ·············· 131

8 价值提升：重塑区域特色产品全球价值链 ·············· 135

 8.1 发展成渝特色调辅料产业集群 ·············· 135

 8.2 发展成渝水果产业集群 ·············· 139

 8.3 发展成渝大健康产业集群 ·············· 143

 8.4 发展成渝茶叶产业集群 ·············· 146

 8.5 完善产业体系推广载体建设 ·············· 151

9 要素协调：营造区域资源要素整合生态 ·············· 154

 9.1 布局区域要素协作平台 ·············· 154

 9.2 培育都市农业经营主体 ·············· 158

 9.3 扩大农村土地保护利用效率 ·············· 163

 9.4 保障产业资金多方供给 ·············· 167

 9.5 营造高效农业科技环境 ·············· 173

10 社会服务：健全区域都市农业社会化服务体系 ·················· 182

10.1 优化跨区域都市农业社会化服务组织 ·················· 182

10.2 壮大都市农业社会化服务专业人员队伍 ·················· 186

10.3 创新都市农业科技服务系统 ·················· 190

10.4 营造都市农业社会化服务政策环境 ·················· 193

11 都市现代农业体系建设促进成渝地区乡村振兴与城乡融合发展 ······ 197

11.1 助力农业提质增效 ·················· 197

11.2 促进农村宜居宜业 ·················· 198

11.3 推动农民生活富裕 ·················· 199

11.4 推进城乡融合发展 ·················· 200

1 成渝地区发展基本情况

1.1 成渝地区人文地理情况

1.1.1 地形地貌状况

成渝地区①位于长江上游，地处四川盆地，地形西高东低，龙泉山以西为富饶的川西成都平原、以东为面积广大的方山丘陵，地形地貌在不同区域范围内展现出不同的特点。四川省具有山地、丘陵、平原和高原4种地貌类型，比例为74.2∶10.3∶8.2∶7.3，地势西高东低特点明显，西部以高原、山地为主，东部以盆地、丘陵为主。重庆市地貌以山地丘陵为主，山地面积占76%，丘陵占22%，河谷平坝仅占2%，地势由南北向长江河谷逐级降低，西北部和中部以丘陵、低山为主，东南部靠大巴山和武陵山两座大山脉，坡地较多。成都市作为成渝地区核心城市之一，地处成都平原腹地，地势由西北向东南倾斜，西部以深丘和山地为主，市域内部形成了平原、丘陵、高山各占1/3的独特地貌。

1.1.2 自然资源状况

1.1.2.1 气候资源状况

成渝地区属于亚热带季风气候，四季分明，土地肥沃，水热资源匹配良好，适宜人类居住，较大的空间区域跨度造就了差异化的气候条件。四川省东部即四川盆地及周围山地兼有海洋性气候特征，全年温暖湿润，气温日较差小、年较差大，冬暖夏热，年均温16~18℃，日温≥10℃的持续期240~280d，积温达到4 000~6 000℃，无霜期230~340d。四川省西南山地属于亚热带半湿润气候，气温年差较小、日差较大，干湿季分明，四季不明显，年日照时数多为2 000~

---

① 本书中提到的成渝地区特指成渝地区双城经济圈。包括重庆市的中心城区及万州、涪陵、綦江、大足、黔江、长寿、江津、合川、永川、南川、璧山、铜梁、潼南、荣昌、梁平、丰都、垫江、忠县等27个区（县）以及开州、云阳的部分地区，四川省的成都、自贡、泸州、德阳、绵阳（除平武县、北川县）、遂宁、内江、乐山、南充、眉山、宜宾、广安、达州（除万源市）、雅安（除天全县、宝兴县）、资阳15个市，总面积18.5万km²。

2 600h，河谷地区是典型的干热河谷气候，山地是显著的立体气候。川西北高山高原高寒气候区，立体气候明显，河谷干暖，山地冷湿，总体以寒温带气候为主，年均气温为4~12℃，年日照时数为1 600~2 600h。重庆市属于亚热带季风性湿润气候，降水量丰富，年均气温16~18℃，年日照时数为1 000~1 400h，四季明显，多云雾，少霜雪，年均雾日为104d，光温水同季，立体气候显著。

1.1.2.2 土地资源状况

成渝地区是西部地区农业生产条件最优、集中连片规模最大的区域之一，土地资源特别是耕地资源丰富，且养分充足。根据《支撑服务成渝城市群发展地质调查报告（2018年）》相关数据，成渝地区总面积18.5万km²，养分富集区面积0.41万km²，养分较丰富地区面积3.89万km²，富硒区域面积1.06万km²。耕地面积10.27万km²，主要包括旱地、水田和水浇地3类，其中水田在耕地面积中占比达到50.57%，主要分布在绵阳—成都—眉山、宜宾—泸州以及局部地区[①]。除耕地外，成渝地区有丰富的林地、草地等资源。四川省是我国第二大天然林区，林草面积超过全省幅员70%。根据《四川省2020年国土绿化公报》，2020年四川省完成新造林363.46万亩（1亩≈667m²，1hm²=15亩，全书同），其中人工造林167.30万亩、封山育林196.16万亩，森林覆盖率40.03%，森林蓄积量19.16亿m³，草原综合植被盖度85.8%。重庆市森林资源丰富，2020年完成营造林面积约660万亩，全市森林覆盖率52.5%[②]。

1.1.2.3 水资源状况

成渝地区饮用天然矿泉水资源十分丰富，现分布各类饮用天然矿泉水水源地153处，优质饮用天然矿泉水113处，所含微量元素最多达9种，含4种微量元素以上的优质水源地14处。此外，四川省全域有大小河流1 300多条，主要干流有长江、嘉陵江、涪江等13条，在境内的长度达到10 980km，主要流域年末蓄水量达到529.08亿m³。2020年四川省地表水资源量3 236.12亿m³，地下水资源量649.11亿m³，水资源总量3 237.26亿m³，年度径流系数0.63，每平方千米平均产水量66.85万m³。四川省拥有52座大型水库、216座中型水库，年末蓄水总量达到529.08亿m³[③]。重庆市境内流域面积大于100km²的河流274条，其中流域面积大于1 000km²的河流有42条，2020年全市地表水资源量达到766.855 9亿m³，市地下水资源量128.687 7亿m³，水资源总量为766.855 9亿m³，平均产水系数0.65。

---

① 宋志，倪化勇，姜月华，等. 成渝城市群主要地质资源禀赋与绿色产业发展[J]. 中国地质调查，2019，6（5）：74-82.
② 资料来源：《2020年重庆市国民经济和社会发展统计公报》。
③ 资料来源：《四川省水资源公报2020》。

重庆市拥有18座大型水库、106座中型水库，年末蓄水总量达到56.674 0亿m³[①]。

1.1.2.4 生物资源状况

四川盆地为成渝地区带来了"得天独厚"的生物资源，就盆地内部共有高等植物12 000种，其中中国特有植物约有6 500种，占全国总数的68%，而成渝各地具有其独特的生物资源。四川省动植物资源丰富，高等植物占全国总数的1/3，位列全国第二，被列入国家珍稀濒危保护植物的有84种，占全国总数的21.60%，而且拥有丰富的各类野生经济植物，包括药用植物4 600余种，芳香及芳香类植物300余种，野生果类植物100余种，野生菌类资源1 291种。四川省有脊椎动物近1 300种，占全国总数的45%以上，国家重点保护野生动物145种，占全国总数的39.6%，全省可供经济利用的种类占50%以上[②]。重庆市是全球34个生物多样性关键地区之一，分布有陆生野生脊椎动物800余种，野生维管植物6 000余种，中药草5 300余种，包括4 500余种的野生中药草资源。重庆市共设立各级各类自然保护地218个，占全市幅员面积的15.4%，对生态自然资源进行了有效保护，丰富了区域内部的生物资源多样性[③]。

1.1.2.5 矿产资源状况

成渝地区矿产资源丰富，铝土矿、煤炭、磷、盐卤等资源更为富集，非金属矿产资源种类丰富，部分矿种储量位居全国前列[④]，四川盆地天然气资源量居全国第一，2020年生产量达到565亿m³[⑤]。四川省作为矿产资源大省，截至2020年底，共有矿产136种，其中天然气、钒、钛、锂矿等14种资源在全国储量第一，钒矿资源储量2 433.99万t、钛矿资源储量68 783.56万t、锂矿资源储量235.57万t，全省具有查明资源量的矿产地2 726处，包括大型260处、中型454处、小型2 012处[⑥]。重庆市是我国矿产资源最丰富的地区之一，境内拥有天然气、铝土矿、盐矿等矿产资源，2020年铝土矿保有基础储量1.56亿t、盐矿保有基础储量118.23亿t[⑦]，境内以页岩气为代表的能源资源十分丰富，主要分布于涪陵、南川等区（县）。2021

① 资料来源：《重庆市水资源公报2020》。

② 资料来源：四川省林业和草原局http://lcj. sc. gov. cn//scslyt/jbqk/2020/5/22/7928ed8b4b114a829ece2cad6b769c1a. shtml.

③ 资料来源：相关新闻报道及官网数据整理所得。

④ 宋志，倪化勇，姜月华，等.成渝城市群主要地质资源禀赋与绿色产业发展[J].中国地质调查，2019，6（5）：74-82.

⑤ 中国新闻网.四川盆地2020年生产天然气约565亿方 "西南油气田"占"半壁江山"[EB/OL]. https://baijiahao. baidu. com/s?id=1688047278441041632&wfr=spider&for=pc.

⑥ 资料来源：《四川省矿产资源总体规划（2021—2025年）（征求意见稿）》。

⑦ 资料来源：《2021重庆统计年鉴》。

年，重庆市新探明各类矿产资源量4 076.4万t。

1.1.3　人文环境状况

1.1.3.1　旅游文化

川渝一家亲，巴蜀千年情。历史上巴蜀文化互相交融，川东地区的巴中、阆中、达州等地都曾是巴蜀文化的中心区域。到今天巴蜀文化仍然互相渗透、互相影响，如语言、川菜、火锅、佛教石窟等，并不会因为行政区划的分隔而消失。例如历史上秦岭和大巴山之间的汉中长期属于巴蜀文化区，从元代起划归陕西省管辖，迄今已有700多年，但汉中的语言和风俗文化仍然与四川相似。成渝地区历史文化传统丰厚，包括三星堆、金沙遗址、藏羌彝文化产业走廊、香格里拉等神秘文化；川菜餐饮、麻将、茶馆等享受文化；川西高原探险、重庆网红城市等激情文化；大熊猫、长征经过地、抗战陪都、川陕蜀道等独有文化；九寨沟、黄龙、贡嘎山、长江三峡等山水文化[①]。文旅资源数量多、质量高、集聚性强，易于开展文化和旅游活动。2020年成渝文旅发展交流活动中公布了成渝十大文旅新地标，包括中国峨眉、洪崖洞、成都武侯祠-锦里、解放碑、眉山三苏祠、成都IFS、重庆来福士、成都融创文旅城、阆中古城、中国雪茄文化名城-雪茄小镇，兼具自然与人文相融共生，推动经济与社会相互协调，体现高质量发展与高品质生活[②]。

1.1.3.2　建筑文化

成渝地区的建筑文化具有独特的地域风格。川西民居讲究"天人合一"的自然观和环境观，在居住方式上有一种亲情味，表现在大小院落中的天井与宽屋檐，家人邻里间得以充分交流对话。历史上代表作有唐代的摩诃池、五代时期的宣华苑、宋代的西园，今天有杜甫草堂、罨画池、三苏祠等，均是重要的旅游景区。重庆8D城市交通则是当代城市建筑的奇迹，由此构建的多维城市，成为网红旅游的重要吸引物。川西高原的藏羌碉楼与村寨建筑，如丹巴、小金、茂县、汶川的碉楼与村寨，为国家级非物质文化遗产[③]。

[①] 谢元鲁. 成渝文化旅游发展的新方向——解读成渝地区双城经济圈的文化和旅游[J]. 四川省干部函授学院学报，2021（4）：23-31，46.

[②] 资料来源：四川省人民政府 https://www.sc.gov.cn/10462/12771/2020/11/19/dd1276eec1484b36a002561b7475fd26.shtml.

[③] 谢元鲁. 成渝文化旅游发展的新方向——解读成渝地区双城经济圈的文化和旅游[J]. 四川省干部函授学院学报，2021（4）：23-31，46.

1.1.3.3　地质遗迹

成渝地区地质遗迹资源种类多，地质公园特色鲜明，现有重要地质遗迹164处，其中世界级5处、国家级43处、省级116处；地质公园13处，其中世界级2处、国家级11处，包括兴文石海世界地质公园（四川宜宾）、自贡世界地质公园（四川自贡）、綦江国家地质公园（重庆綦江）、黔江小南海国家地质公园（重庆黔江）、安县国家地质公园（四川绵阳）、华蓥山国家地质公园（四川广安）、江油国家地质公园（四川绵阳）、射洪硅化木国家地质公园（四川遂宁）、龙门山国家地质公园（四川成都、德阳）、清平-汉旺国家地质公园（四川德阳）、大巴山国家地质公园等[①]。

1.1.3.4　革命文化

成渝地区革命文化是人民参与革命与斗争实践的产物，是一个时代的历史印记，具有多样性和差异性。从多样性来讲，成渝地区革命文化与中国革命文化的形成具有一致性，是中国革命文化的重要组成部分，并有机融入中华民族文化中，具有中华民族文化元素特质。如红色文化、抗战文化、移民文化、巴蜀文化都被广大人民群众所认同、继承和发扬。革命文化的产生和形成是在不同时期由一代人、一批人在革命实践不同阶段所创造、传承、弘扬的，反映了每个时代中国的人文精神。包括有形的物质载体（革命遗址、遗迹、文献、回忆录等革命文化记忆）和无形的精神内涵，既是物质文化，又是精神文化。从"差异性"来讲，成渝地区革命文化，保存有本区域固有的地域文化特性、风俗习惯。如革命遗址中邓小平故里、杨尚昆故居、聂荣臻故居等建筑物都保留着地方民俗的建筑风格，是革命文化的重要载体、革命文物的重要见证物。

1.2　成渝地区社会经济发展情况

成渝地区处于国家发展格局"两横三纵"的主要轴线。通过成都都市圈和重庆都市圈的联系，形成成渝地区发展主轴。以成都为核心的成都都市圈，采取中心辐射式结构引领德阳、眉山和资阳发展，并囊括乐山、绵阳等地，构建形成德绵乐城市带。重庆地区发挥其分散式的空间格局特征，加强主城都市区中心城区与涪陵、永川等周边城市的联系，构建多中心共存的重庆都市圈，并联动长江沿岸的宜宾、泸州、万州等城市，构建形成沿江城市带。

---

① 宋志，倪化勇，姜月华，等．成渝城市群主要地质资源禀赋与绿色产业发展[J]．中国地质调查，2019，6（5）：74-82．

1.2.1 成渝地区产业结构情况

产业结构是决定区域经济发展的关键因素。近年来，成渝地区产业结构不断调整和优化。2020年成渝地区GDP总量占四川省和重庆市两地总和的92.52%，占全国的6.54%。三次产业结构中，第一产业占比9.10%，第二产业占比37.72%，第三产业占比53.18%。整体来说，成渝地区三次产业GDP均保持上升趋势，其中2015—2020年，第一产业总产值从4 069亿元增长至6 042亿元，整体增长48.49%；第二产业总产值从20 878亿元增长至25 053亿元，整体增长20%；第三产业总产值从17 955亿元增长至35 315亿元，整体增长96.69%，第三产业较二三产业增幅更大①（图1-1）。

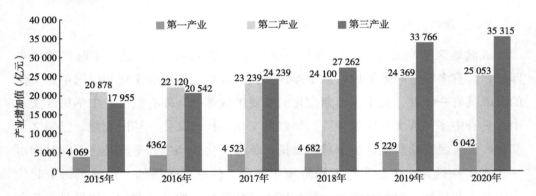

图1-1　2015—2020年成渝地区三大产业增加值情况

从产业结构上来看，2017年后，成渝地区产业结构由"二三一"类型转变为"三二一"类型，第三产业成为带动经济增长的核心力量。从单一城市来看，2020年成都市和重庆市中心城区以二三产业为主，占比超过了90%，表明成都市和重庆市中心城区这两大核心城市的极化效果十分显著（图1-2）。成都市、自贡市、绵阳市、内江市、乐山市、南充市、眉山市、广安市、达州市、雅安市、资阳市、万州区、黔江区、渝中区、大渡口区、江北区、沙坪坝区、九龙坡区、南岸区、渝北区、巴南区、南川区、开州区、云阳县24个区（市、县）的产业类型为"三二一"型，其他地区的产业结构仍然是"二三一"型，表明成渝地区的大多数区（市、县）倾向以第二产业带动经济增长，核心城市的辐射带动作用相对较弱，导致成渝地区各区（市、县）内产业发展不均衡（图1-3）②。

_____

① 资料来源：《2021四川统计年鉴》《2021重庆统计年鉴》。
② 资料来源：《2021四川统计年鉴》《2021重庆统计年鉴》。

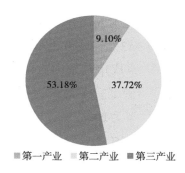

图1-2 2020年成渝地区三次产业构成情况

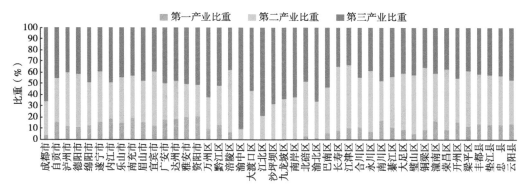

图1-3 2020年成渝地区各区（市、县）产业结构现状

此外，成渝地区一二三产业内部结构也存在很多问题，例如第一产业专业化程度低、生产方式落后、抗灾能力较差、"职业农民"匮乏；第二产业中制造业比重偏大，高耗能、低技术含量、低产品附加值的加工业对川渝经济进一步发展带来了考验；第三产业对经济的贡献率还不高、内部结构不完善、新兴产业发展不足，大部分产品标准尚未达到国际一流水平，在国际市场上缺乏竞争力。同时成渝地区开始重视"产学研"相结合，但联系不紧密，科技成果转化为生产力的时间周期长，效益低，产品创新程度低，科技未能产生最大的经济效益。这些因素都制约着成渝地区的经济快速发展和整体实力、竞争的增强，成渝地区想要保持持续稳定增长，产业结构特别是第一产业结构优化升级势在必行。

1.2.2 成渝地区经济水平情况

成渝地区的生产总值保持逐步上升的趋势，2015—2020年，由42 902亿元增加到66 410亿元，增长54.79%（图1-4）。从成渝地区内部城市看，整体形成了以成都、重庆为中心的双核心发展格局，但内部城市经济发展水平差距较大。2020年四川省范围内人均地区生产总值（人均GDP）排名前5的是成都市、德阳市、乐山市、绵阳市和宜宾市，其中成都市人均GDP为85 679元，城市化率为

78.77%，四川省范围内其他市（区）人均GDP不足70 000元，城市化率集中在50%左右。德阳市人均GDP为69 443元，城市化率为55.97%；乐山市人均GDP为63 259元，城市化率为53.11%。重庆市范围内人均GDP超过10万的区（县）有6个，分别是渝中区、江北区、涪陵区、荣昌区、长寿区、九龙坡区，其中渝中区人均GDP达229 588元，城市化率为100%，位居重庆经济圈第一。江北区人均GDP为143 380元，城市化率为99.15%；涪陵区人均GDP为109 966元，城市化率为71.85%。成渝地区内部城市化率超过70%以上的市（区、县）包括渝中区、江北区、大渡口区、南岸区、沙坪坝区、九龙坡区、渝北区、北碚区、巴南区、成都市、涪陵区和璧山区（图1-5）。

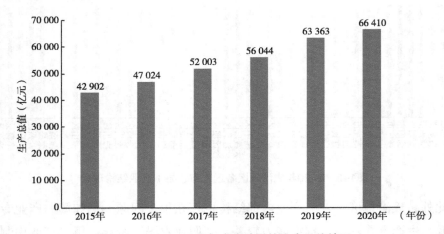

图1-4　2015—2020年成渝地区的生产总值情况

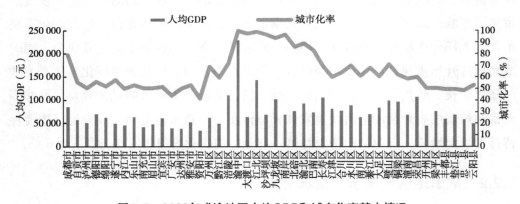

图1-5　2020年成渝地区人均GDP和城市化率基本情况

　　成渝地区城镇居民人均可支配收入逐年增加，2020年四川省范围内城镇居民人均可支配收入排名前5的是成都市、绵阳市、泸州市、德阳市和宜宾市，其中成都市城镇居民人均可支配收入为48 593元，比2015年增加了15 117元，增长率为45.16%。四川省范围内增长率最高的是宜宾市，城镇居民人均可支配收入为39 166元，比2015年增加了12 959元，增长率为49.45%。增长率最低的是资阳市，为42.15%。达州市城镇居民人均可支配收入最低，为36 001元，与成都市相差12 592元。重庆市范围内城镇居民人均可支配收入排名前5的是渝中区、江北区、九龙坡区、渝北区和巴南区，其中渝中区城镇居民人均可支配收入为46 994元，增长率最高的是江北区，比2015年增加了15 415元，增长率为49.70%。云阳县城镇居民人均可支配收入最低，为32 174元，与渝中区相差14 820元（表1-1）。

表1-1　2015—2020年成渝地区城镇居民人均可支配收入情况（单位：元）

序号	地区	2015年	2016年	2017年	2018年	2019年	2020年
1	成都市	33 476	35 902	38 918	42 128	45 878	48 593
2	自贡市	26 267	28 455	31 016	33 597	36 622	38 781
3	泸州市	26 656	28 959	31 449	34 141	37 252	39 547
4	德阳市	27 049	29 159	31 609	34 216	37 222	39 360
5	绵阳市	27 170	29 407	31 822	34 411	37 454	39 680
6	遂宁市	25 012	26 962	29 308	31 830	34 854	37 117
7	内江市	25 787	27 986	30 393	32 982	36 059	38 337
8	乐山市	26 361	28 583	31 070	33 663	36 676	38 931
9	南充市	23 950	25 993	28 333	30 810	33 749	36 057
10	眉山市	26 395	28 691	31 130	33 697	36 743	38 892
11	宜宾市	26 207	28 390	30 832	33 465	36 694	39 166
12	广安市	26 072	28 218	30 616	33 079	36 005	38 071
13	达州市	23 884	26 016	28 383	30 882	33 823	36 001
14	雅安市	25 318	27 352	29 732	32 198	35 043	37 191
15	资阳市	26 424	28 501	30 867	33 336	36 236	37 562
16	万州区	28 459	31 248	33 967	36 820	40 171	42 662
17	黔江区	24 672	27 164	29 812	32 435	35 322	37 335
18	涪陵区	28 450	30 897	33 709	36 642	39 940	42 336
19	渝中区	31 608	34 263	37 175	40 484	44 209	46 994
20	大渡口区	29 546	32 057	35 038	37 911	41 096	43 069
21	江北区	31 014	33 681	36 662	39 998	43 718	46 429

（续表）

序号	地区	2015年	2016年	2017年	2018年	2019年	2020年
22	沙坪坝区	30 384	32 921	35 669	38 630	41 798	44 055
23	九龙坡区	30 727	33 431	36 339	39 391	42 936	45 512
24	南岸区	30 441	32 983	35 770	38 703	41 915	44 366
25	北碚区	30 261	32 758	35 575	38 563	41 879	44 120
26	渝北区	30 819	33 546	36 414	39 546	42 749	45 100
27	巴南区	30 339	32 978	35 864	38 984	42 493	44 958
28	长寿区	27 571	29 915	32 428	35 055	38 056	39 997
29	江津区	27 951	30 495	33 331	36 397	39 600	41 699
30	合川区	27 231	29 505	32 101	34 875	37 927	39 861
31	永川区	28 325	30 903	33 684	36 749	40 093	42 218
32	南川区	26 758	28 899	31 398	34 067	36 724	38 670
33	綦江区	24 360	26 301	28 555	30 892	33 212	34 815
34	大足区	27 123	29 483	32 107	34 836	37 623	39 655
35	璧山区	29 744	32 510	35 436	38 590	41 947	44 296
36	铜梁区	28 530	30 955	33 865	36 913	40 198	42 449
37	潼南区	25 932	28 318	30 923	33 596	36 368	38 332
38	荣昌区	27 227	29 623	32 230	35 066	38 362	40 489
39	开州区	23 984	26 262	28 547	30 945	33 761	35 787
40	梁平区	26 427	28 990	31 599	34 317	37 543	39 645
41	丰都县	23 902	26 268	28 763	31 352	34 236	36 256
42	垫江县	26 644	29 202	31 889	34 504	37 437	39 533
43	忠县	26 778	29 295	32 107	35 029	38357	40 543
44	云阳县	21 592	23 611	25 760	27 950	30 410	32 174

资料来源：2015—2020年各区（市）县国民经济和社会发展统计公报。

2015—2020年，成渝地区城镇居民人均消费性支出整体呈增加的趋势，但2020年成都市、自贡市、德阳市、绵阳市、遂宁市、宜宾市和资阳市较2019年消费性支出有所下降。其中，2020年资阳市消费性支出为21 949元，较2019年下降了2 175元；自贡市消费性支出为22 335元，较2019年下降了2 080元。2020年四川省范围内城镇居民人均消费性支出最高的是成都市，为28 736元；最低的是南充市，为21 740元，两者相差6 996元。2020年重庆市范围内城镇居民人均消费性支出较2019年均为增加趋势，增加值最多的为垫江县，消费性支出为25 343元，较2019年增加了2 272元。2020年重庆市范围内城镇居民人居消费性支出最高的是巴南区，为35 275元；最低的是云阳县，为19 535元，两者相差15 740元。2020年成渝地区城镇居民人均消费性支出排名前5的是巴南区、沙坪坝区、渝中区、涪陵区、渝北区，分别为35 275元、32 512元、32 509元、32 037元、31 490元（图1-6）。

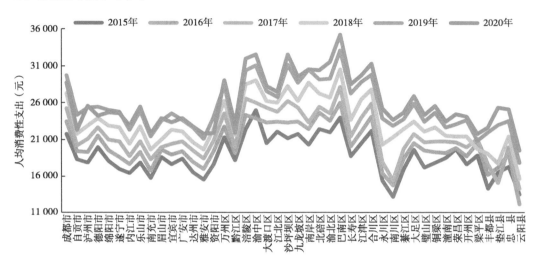

图1-6 2015—2020年成渝地区城镇居民人均消费性支出情况

2015—2020年，成渝地区农村居民人均纯收入逐年增加。2020年四川省范围内农村居民人均纯收入前5名包括成都市、德阳市、眉山市、绵阳市、资阳市。其中，成都市农村居民人均纯收入为26 432元，比2015年增加了8 918元，增长率为50.92%；德阳市农村居民人均纯收入为19 790元，比2015年增加了7 003元，增长率为54.77%。四川省范围内增长率较高的是绵阳市、南充市和泸州市，增长率分别为70.09%、59.65%、58.77%。2020年重庆市范围内农村居民人均纯收入前5名包括南岸区、九龙坡区、江北区、沙坪坝区、大渡口区。其中南岸区农村居民人均纯收入为24 869元，比2015年增加了8 503元，增长率为51.96%；九龙坡区农村居民人均纯收入为23 686元，比2015年增加了8 506元，增长率为53.01%。重庆市范围内增长率较高的是丰都县、梁平区和万州区，增长率分别为62.50%、61.60%、61.17%。2020年成渝地区农村人均居民纯收入排名后5位的是黔江区、云阳县、丰都县、雅安市和开州区，分别为14 104元、14 375元、15 810元、15 890元、16 220元（表1-2）。

表1-2 2015—2020年成渝地区农村居民人均纯收入情况（单位：元）

序号	地区	2015年	2016年	2017年	2018年	2019年	2020年
1	成都市	17 514	18 605	20 298	22 135	24 357	26 432
2	自贡市	12 088	13 192	14 380	15 692	17 277	18 788
3	泸州市	11 359	12 450	13 670	14 983	16 531	18 035
4	德阳市	12 787	13 951	15 207	16 583	18 249	19 790
5	绵阳市	11 349	13 504	14 752	16 101	17 735	19 303
6	遂宁市	11 379	12 423	13 579	14 844	16 358	17 815
7	内江市	11 428	12 491	13 640	14 908	16 450	17 918
8	乐山市	11 649	12 749	13 927	15 173	16 728	18 175
9	南充市	10 292	11 273	12 389	13 583	15 027	16 431
10	眉山市	12 756	13 935	15 203	16 563	18 177	19 730
11	宜宾市	11 745	12 843	14 063	15 391	16 999	18 569
12	广安市	11 371	12 479	13 655	14 931	16 445	17 867
13	达州市	10 688	11 718	12 843	14 055	15 504	16 876
14	雅安市	10 195	11 138	12 145	13 242	14 586	15 890
15	资阳市	12 284	13 422	14 670	16 007	17 592	19 076
16	万州区	10 729	11 898	13 088	14 318	15 864	17 292
17	黔江区	8 855	9 820	10 792	11 806	12 975	14 104
18	涪陵区	11 089	12 253	13 466	14 691	16 175	17 550
19	大渡口区	15 439	16 844	18 343	19 847	21 534	23 063
20	江北区	15 594	16 989	18 552	20 110	21 799	23 412
21	沙坪坝区	15 264	16 653	18 168	19 676	21 388	23 142
22	九龙坡区	15 480	16 935	18 408	20 028	21 851	23 686
23	南岸区	16 366	17 839	19 427	21 039	23 059	24 869
24	北碚区	14 499	15 898	17 417	18 897	20 598	22 258

（续表）

序号	地区	2015年	2016年	2017年	2018年	2019年	2020年
25	渝北区	13 766	15 074	16 513	17 950	19 530	21 140
26	巴南区	13 878	15 252	16 747	18 254	20 125	21 856
27	长寿区	12 047	13 252	14 418	15 571	17 019	18 227
28	江津区	13 722	15 177	16 695	18 248	20 128	21 698
29	合川区	13 184	14 516	15 837	17 254	18 850	20 377
30	永川区	13 808	15 258	16 738	18 244	20 068	21 694
31	南川区	11 237	12 349	13 485	14 631	16 079	17 414
32	綦江区	11 494	12 615	13 764	14 895	16 182	17 400
33	大足区	12 437	13 718	15 035	16 313	17 944	19 415
34	璧山区	14 229	15 680	17 217	18 698	20 418	21 990
35	铜梁区	13 747	15 108	16 543	17 949	19 690	21 127
36	潼南区	11 582	12 821	14 026	15 204	16 702	18 055
37	荣昌区	13 035	14 325	15 686	17 051	18 671	20 034
38	开州区	10 170	11 238	12 299	13 443	14 881	16 220
39	梁平区	11 268	12 485	13 671	14 983	16 691	18 210
40	丰都县	9 729	10 770	11 869	13 044	14 518	15 810
41	垫江县	11 480	12 697	13 979	15 237	16 822	18 370
42	忠县	10 960	12 100	13 298	14 588	16 207	17 617
43	云阳县	9 054	9 982	10 960	12 001	13 261	14 375

资料来源：2015—2020年各区（市）县国民经济和社会发展统计公报。

2015—2020年，成渝地区农村居民人均生活消费支出整体保持上升趋势，但2018年，江北区、沙坪坝区、南岸区和梁平区较2017年有所减少，其中沙坪坝区2018年农村居民人均消费支出为14 528元，较2017年减少了2 570元。2020年四川省范围内农村居民人均生活消费支出排名前5的是成都市、眉山市、绵阳市、乐山市和遂宁市，其中成都市农村居民人均生活消费支出为18 501元，比2015年增加了5 790元，增长率为45.55%；眉山市农村居民人均生活消费支出为

15 314元，比2015年增加了4 444元，增长率为40.88%。四川省范围内增长率最高的是遂宁市，农村居民人均生活消费支出为14 772元，增长率为61.67%。2020年重庆市范围内农村居民人均生活消费支出排名前5的是大渡口区、九龙坡区、北碚区、沙坪坝区和渝北区，其中大渡口区农村居民人均生活消费支出为19 092元，比2015年增加了6 862元，增长率为56.11%；九龙坡区农村居民人均生活消费支出为18 564元，比2015年增加了6 478元，增长率为53.60%。重庆市范围内增长率最高的是云阳县，农村居民人均生活消费支出为11 732元，增长率为81.6%。2020年成渝地区农村居民人均生活消费支出排名后5的是江北区、潼南区、云阳县、丰都县和黔江区，分别为12 210元、12 028元、11 732元、11 421元和10 897元（图1-7）。

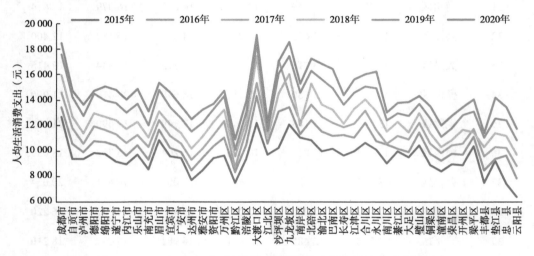

图1-7　2015—2020年成渝地区农村居民人均生活消费支出情况

1.2.3　成渝地区社会服务情况

成渝地区内各市（区、县）公路里程相差较大。2020年四川省范围内公路总里程和等级公路里程排名前5的是南充市、成都市、达州市、宜宾市和绵阳市，公路总里程最少的是雅安市，为8 206km，与南充市相差22 308km。高速公路里程排名前5的是成都市、南充市、泸州市、达州市和眉山市，其中成都市高速公路里程为1 179km，最少的是德阳市，仅270km。2020年重庆市范围内公路总里程排名前5的是开州区、云阳县、万州区、丰都县和綦江区，其中开州区公路总里程为8 146km；等级公路里程排名前5的是万州区、綦江区、忠县、黔江区和丰都县，其中万州区等级公路里程为7 181km；高速公路里程排名前5的是万州区、江津区、巴南区、涪陵区和渝北区，万州区高速公路里程为194km。大渡口区的公路总里程、等级公路里程和高速公路里程数最低，分别为164km、164km和5km。成渝地区正在加强建设公路网络和区域内公路通道建设（图1-8）。在高速公路方面，渝广高速支线前锋至小沔段高速公路、重庆永川至四川泸州高速公路、重庆至贵州高速复线、重庆合川至四川安岳、重庆大足至四川内江等高速公路建成通车，川渝间高速公路通道达到16条、在建4条，重庆、成都"双核"间形成4条高速公路大通道。在铁路方面，川渝两地共同谋划，共同推进标志性、引领性项目——设计时速350km的成渝中线高铁，2020年1月启动勘察设计招标，仅用一年多时间就实现落地建设。该项目建成后，成渝两地将实现高铁50分钟通达，受益人口接近3 000万人。

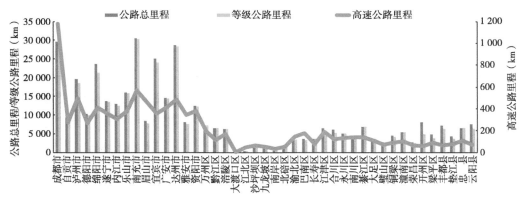

图1-8　2020年成渝地区公路里程情况

成渝地区医疗卫生服务质量稳步提升，但区域内差距较大。2020年四川省范围内医疗卫生机构数量排名前5的是成都市、南充市、宜宾市、绵阳市和泸州市。其中，成都市医疗卫生机构11 954个，各类卫生机构床位15.4万张，卫生技术人员19.5万人；南充市医疗卫生机构8 248个，床位4.55万张，卫生技术人员3.64万人；宜宾市医疗卫生机构4 993个，床位3.62万张，卫生技术人员3.17万人。四川省范围内医疗卫生机构3 000个以下的有4个市，即雅安市、眉山市、自贡市和德阳市，分别为1 544个、2 136个、2 162个、2 450个。重庆市范围内医疗卫生机构数量排名前5的是万州区、合川区、铜梁区、渝北区和云阳县。其中，万州区各级各类医疗卫生机构1 301个，床位1.12万张，卫生技术人员1.24万人；合川区医疗卫生机构894个；铜梁区医疗卫生机构838个。重庆市范围内医疗卫生机构500个以下的有12个，分别是大渡口区、黔江区、北碚区、渝中区、荣昌区、潼南区、垫江区、长寿区、江北区、大足区、南川区和丰都县，而数量最低的大渡口区仅有256个，与万州区相差1 045个（图1-9）。

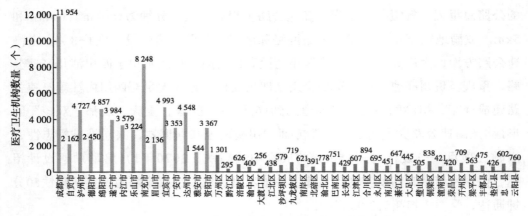

图1-9 2020年成渝地区医疗卫生机构数量基本情况

成渝地区教育事业不断发展进步。2020年四川省范围内中小学数量在600家以上的有4个市，即成都市、南充市、达州市和绵阳市，分别为1 258所、763所、677所和609所，其中成都市小学数量为635所，中学数量为623所，均位居第一。四川省范围内中小学数量在300所以下的有2个市，即雅安市和自贡市，数量分别为229所和252所，其中雅安市小学数量为84所，中学数量为145所；自贡市小学数量为139所，中学数量为113所。重庆市范围内中小学数量在140所以上的有8家，分别是万州区、永川区、涪陵区、江津区、合川区、云阳县、荣昌区和开州区，其中万州区中小学数量最多，为147所，其小学数量和中学数量分别为88所和59所；荣昌区小学数量最多，为121所；綦江区中学数量最多，为66所。中小学数量最少的是大渡口区，仅31所，其中小学22所，中学9所（图1-10）。

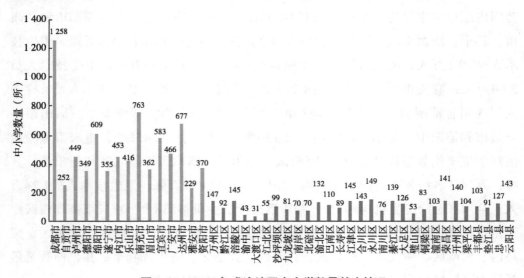

图1-10 2020年成渝地区中小学数量基本情况

　　成渝地区公共图书馆机构数量基本保持稳定，四川省范围内存在一定差距，重庆市范围内整体水平偏低。2020年，四川省范围内公共图书馆机构数量在10个以上的有5个市，分别是成都市、乐山市、宜宾市、绵阳市和南充市，其中，成都市公共图书馆22个，各类书店3 650家；乐山市公共图书馆12个，文化站218个；宜宾市公共图书馆11个，文化站186个；绵阳市公共图书馆10个，乡镇综合文化站273个。四川省范围内公共图书馆机构数量在7个以下的有3个市，分别是内江市、遂宁市和资阳市，其中公共图书馆机构数量最少的是资阳市，有4个，与成都市相差18个。重庆市范围内渝中区、沙坪坝区、涪陵区和綦江区的公共图书馆数量均为2个，其余区（县）的公共图书馆数量仅有1个（图1-11）。

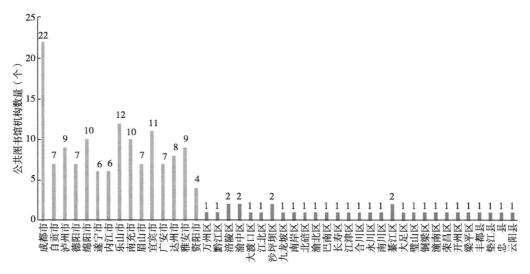

图1-11　2020年成渝地区公共图书馆机构数量基本情况

1.2.4　成渝地区土地改革情况

　　农村土地问题，是破解我国"三农"问题的关键。党的十八大以来，以习近平同志为核心的党中央积极探索农村土地制度改革实践，在农村土地征收、农村"三块地"（农用地、农村集体经营性建设用地和宅基地）等制度改革方面取得多项创新性突破。成渝地区认真落实《成渝地区双城经济圈建设规划纲要》《成渝地区双城经济圈国土空间规划（2020—2035年）》，四川省出台《四川省国土空间规划（2020—2035年）》《〈土地管理法〉（修正案）施行后过渡期建设用地报批工作制度》，重庆市推动出台《关于建立重庆市国土空间规划体系做好新时代国土空间规划的意见》，编制完善新一轮国土空间总体规划，旨在协调优化川渝两地用地空间布局，为推动成渝地区形成高质量发展的重要增长极和新的动力源提供政策支持和基础保障。

成渝地区扎实推进土地承包经营权流转管理试点工作。成都市积极开展农村产权"多权同确"，基本实现农村"应确尽确、应登全登、应颁尽颁"，2019年累计颁发各类农村产权证书900万本以上，实现农村产权抵押融资200余亿元。推进承包地"三权分置"，出台完善"三权分置"办法的实施意见，引导土地经营权通过入股、出租、托管等方式规范有序流转；大力培育家庭农场、农民合作社、农业企业等适度规模经营主体，全市工商注册合作社11 404家、家庭农场7 466家，农业适度规模经营面积556.2万亩，规模经营率达70.6%①。

成渝地区稳妥有序推进农村集体经营性建设用地入市。四川省大力发展新型农村集体经济，全面实施《四川省农村集体经济组织条例》，深化农业农村领域重点改革，稳妥开展第二批省级第二轮土地承包到期后再延长30年试点工作。成都市郫都区被国家纳入集体经营性建设用地入市试点区后，制定了《农村集体经济组织管理办法》，对集体经营性建设用地的入市行为进行引导，完成四川省首宗农村集体经营性建设用地入市流转。2018年，郫都区完成30宗共353亩农村集体经营性建设用地入市交易，获得成交价款2.1亿元②。重庆市积极推动土地要素市场化配置，制定出台《重庆市农村集体经营性建设用地入市管理办法》，全面推进农村集体经营性建设用地直接入市③。重庆市巴南区南彭街道为做好城乡融合发展改革试验，结合辖区乡村文旅企业发展，开展了南湖多彩植物园2.44亩、康宁农场2.52亩两宗农村集体建设用地入市试点工作，其中植物园通过流转集体经营性建设用地在农企之间形成了较为紧密的利益链关系，使得农户通过入股分红、参与劳动、房屋自营等方式增加收入来源④。

成渝地区在宅基地制度改革方面取得多项创新性突破。四川省已有序完成宅基地管理职能调整，宅基地审批权限下放至乡镇人民政府，全省约85%的村落实了村级宅基地协管员，建立了"省级指导、市县主导、乡镇主责、村级主体"的上下联动机制⑤。成都市温江区结合当地实际，制定了《成都市温江区关于进

---

① 资料来源：《中共成都市委农业和农村体制改革专项小组关于2019年农村改革工作情况的报告》。

② 资料来源：川观新闻《集体经营性建设用地入市试点两年，成都郫都区——荒地找到婆家分红富了农家》。

③ 资料来源：重庆市发展和改革委员会《关于构建更加完善的要素市场化配置体制机制若干政策措施（征求意见稿）》。

④ 资料来源：新华网《巴南推进土地改革试点集体经营性建设用地入市交易》。

⑤ 资料来源：川观新闻《四川将加强和规范农村宅基地管理》。

一步鼓励与支持盘活利用闲置宅基地及闲置农房的指导意见（试行）》，提出自营、出租、合作、出资（作价入股）等闲置宅基地及闲置农房盘活利用的路径和措施，并鼓励与支持返乡下乡人员，有实力、有意愿、有责任的经营主体，利用闲置宅基地和闲置农房发展符合国土空间规划、用途管制且具有乡村特点的休闲农业、乡村旅游、餐饮民宿、文化体验、创意办公、电子商务等新产业新业态及农产品冷链、初加工、仓储等项目①。2020年9月，重庆市大足区被确定为国家农村宅基地制度改革试点之一，随后出台《重庆市大足区农村宅基地制度改革试点实施方案》，明确了以完善农村宅基地制度体系为重点，探索宅基地"三权分置"，在做到明晰所有权、保障资格权、盘活使用权的同时，做好完善宅基地集体所有权行使机制、宅基地农户资格权保障机制、宅基地自愿有偿退出机制、宅基地收益分配机制、宅基地监管机制等5个方面的工作，在全区开展农村宅基地改革试点。随着宅基地信息的数字化管理，大足区逐步建立了农村宅基地数据库，上线了大足区农村宅基地管理信息系统和宅基地监管助手App，实现了宅基地申请、审批、盘活利用、监管、统计等工作的线上操作，这成为大足区农村宅基地制度改革的有力"抓手"，为后续深化农村宅基地制度改革打下坚实基础②。

1.3 成渝地区农业农村发展情况

1.3.1 成渝地区农业产值产量状况

成渝地区作为我国西部重要的农业生产区域，2020年，成渝地区第一产业增加值达到6 041.79亿元，其中，四川省范围的增加值达到4 541.60亿元，重庆市范围的增加值达到1 500.19亿元，成渝之间占比约3.03∶1。从各区（市、县）来看，四川省范围各区（市、县）第一产业增加值都在150亿元以上，成都市位列首位，达到655.17亿元，其次为南充市的460.76亿元和达州市的393.57亿元。而重庆市境内，第一产业增加值最高的为江津区的117.75亿元，其次是合川区的105.06亿元，其他区（市、县）的第一产业增加值均在100亿元以下③（图1-12）。

---

① 资料来源：温江区农业农村局《成都市温江区关于进一步鼓励与支持盘活利用闲置宅基地及闲置农房的指导意见（试行）》。

② 资料来源：重庆市农业农村委员会《大足：宅基地改革试点带来美好新生活》。

③ 资料来源：《2021重庆统计年鉴》和《2021四川统计年鉴》相关数据整理所得。

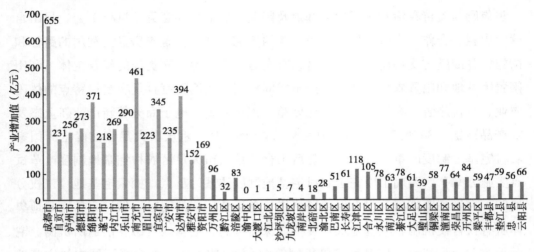

图1-12 2020年成渝地区第一产业增加值情况

2020年，成渝地区粮食总产量达到3 711.89万t，油料总产量达到388.25万t，茶叶总产量达到35.05万t，水果总产量达到1 305.29万t，蔬菜总产量达到5 546.71万t，猪肉总产量达到396.70万t。其中，四川省范围粮食总产量达到2 863.36万t，占77.14%；油料总产量达到339.71万t，占87.50%；茶叶总产量达到31.72万t，占90.50%；水果总产量达到884.31万t，占67.75%；蔬菜总产量达到3 804.94万t，占68.60%；猪肉总产量达到314.73万t，占79.34%。重庆市范围粮食总产量达到848.53万t，占22.86%；油料总产量达到48.53万t，占12.50%；茶叶总产量达到3.33万t，占9.50%；水果总产量达到420.98万t，占32.25%；蔬菜总产量达到1 741.77万t，占31.40%；猪肉总产量达到81.98万t，占20.66%。从各区（市、县）来看，四川省范围各区（市、县）主要农作物产量普遍高于重庆市各区（市、县），粮食产量除雅安市外大都在100万t以上，而茶叶产量雅安市位于首位，达到9.34万t；水果产量只有成都市和眉山市超过100万t，分别是172.22万t和123.98万t；蔬菜产量除雅安市外都在100万t以上，成都市产量达到610.40万t；猪肉产量南充市位于首位，达到36.69万t[①]（表1-3）。

表1-3 2020年成渝地区主要农作物产量情况

地区		粮食产量 （万t）	油料 （万t）	茶叶 （万t）	水果 （万t）	蔬菜 （万t）	猪肉 （万t）
重庆市	渝中区	0.00	0.00	0.000 0	0.00	0.00	0.00
	万州区	49.38	1.99	0.223 1	49.59	118.59	4.93

---

① 资料来源：《2021重庆统计年鉴》和《2021四川省统计年鉴》相关数据整理所得。

（续表）

地区		粮食产量 （万t）	油料 （万t）	茶叶 （万t）	水果 （万t）	蔬菜 （万t）	猪肉 （万t）
重庆 市	黔江区	22.99	1.81	0.077 7	6.78	24.46	4.51
	涪陵区	44.22	0.64	0.080 0	19.36	237.02	4.57
	大渡口区	0.10	0.00	0.000 0	0.10	1.67	0.00
	江北区	0.25	0.00	0.000 4	0.13	0.56	0.01
	沙坪坝区	1.03	0.02	0.000 0	0.61	3.83	0.02
	九龙坡区	1.25	0.13	0.000 0	1.35	7.08	0.09
	南岸区	0.21	0.00	0.000 0	0.37	0.92	0.02
	北碚区	4.44	0.09	0.004 3	2.43	19.36	0.17
	綦江区	40.59	1.59	0.161 5	6.54	77.04	3.42
	大足区	41.82	4.72	0.062 0	6.49	45.48	2.46
	渝北区	11.07	0.27	0.001 5	6.11	30.05	0.48
	巴南区	21.70	0.12	0.446 7	5.99	50.33	1.10
	长寿区	32.73	1.27	0.006 8	21.76	37.86	3.51
	江津区	63.45	1.84	0.182 5	23.94	102.24	4.54
	合川区	69.11	3.04	0.021 0	16.08	96.23	7.03
	永川区	48.11	2.60	0.831 7	14.75	74.21	2.05
	南川区	30.79	1.75	0.444 9	6.52	49.96	3.70
	潼南区	37.60	5.29	0.021 2	30.60	209.84	4.24
	铜梁区	35.09	1.52	0.014 7	7.07	73.98	2.72
	荣昌区	28.91	2.53	0.421 0	3.15	61.36	3.39
	璧山区	16.72	0.58	0.089 6	15.49	79.00	1.37
	梁平区	35.20	1.65	0.029 5	16.89	62.88	3.95
	丰都县	32.71	1.95	0.016 8	8.56	50.23	3.22
	垫江县	40.54	2.05	0.016 4	13.16	80.16	3.95
	忠县	40.58	3.90	0.069 0	45.30	35.02	4.27
	开州区	57.18	3.68	0.072 0	55.30	58.03	6.76
	云阳县	40.73	3.52	0.038 7	36.53	54.39	5.50

（续表）

地区		粮食产量 （万t）	油料 （万t）	茶叶 （万t）	水果 （万t）	蔬菜 （万t）	猪肉 （万t）
四川省	成都市	227.86	34.59	2.295 9	172.22	610.40	28.10
	自贡市	140.80	16.75	1.449 0	41.77	235.55	11.36
	泸州市	231.60	11.63	1.709 5	28.59	285.79	25.36
	德阳市	196.39	26.12	0.039 4	26.25	246.87	16.78
	绵阳市	231.14	46.75	0.339 6	39.12	206.60	22.73
	遂宁市	144.28	21.34	0.011 2	13.48	113.63	23.15
	内江市	172.16	17.80	0.287 5	48.49	331.19	15.59
	乐山市	123.53	9.48	4.790 1	21.52	138.86	16.91
	南充市	311.64	46.41	0.003 4	70.91	397.93	36.69
	眉山市	125.87	12.55	2.349 6	123.98	141.67	13.38
	宜宾市	255.34	17.73	7.837 5	76.67	294.19	31.55
	广安市	181.10	11.70	0.057 4	29.25	257.45	22.50
	达州市	319.37	38.86	1.210 2	50.89	302.26	25.98
	雅安市	36.17	1.48	9.335 0	52.64	74.31	7.88
	资阳市	166.11	26.51	0.000 5	88.55	168.24	16.80

资料来源：《2021重庆统计年鉴》和《2021四川统计年鉴》相关数据整理所得。

1.3.2　成渝地区农业产业结构状况

2020年，成渝地区第一产业总产值达到9 493.78亿元，其中，四川省范围内的第一产业总产值达到7 275.97亿元，重庆市范围内的第一产业总产值达到2 217.8亿元，成渝占比3.28∶1。从第一产业内部结构来看，农业总产值达到5 167.39亿元，林业总产值达到394.83亿元，牧业总产值达到3 570.91亿元，渔业总产值达到360.65亿元，农、林、牧、渔业产值结构比例为54.43∶4.16∶37.61∶3.8。其中，四川省范围内的农业总产值达到3 851.01亿元，林业总产值达到301.21亿元，牧业总产值达到2 864.86亿元，渔业总产值达到258.89亿元，农、林、牧、渔业产值结构比例为52.93∶4.14∶39.37∶3.56。重庆市范围内的农业总产值达到1 316.38亿元，林业总产值达到93.62亿元，牧业总产值达到706.05亿元，渔业总产值达到101.76亿元，农、林、牧、渔业产值结构比例为59.35：4.22：31.84：4.59^①（表1-4）。由此可见，四川省与重庆市两地农、林、牧、渔业产值结构大体一致。

表1-4 2020年成渝地区农、林、牧、渔业总产值情况

地区		农业总产值（亿元）	林业总产值（亿元）	牧业总产值（亿元）	渔业总产值（亿元）
	渝中区	0.00	0.00	0.00	0.00
	万州区	92.45	7.98	34.57	4.85
	黔江区	27.79	3.11	21.43	0.53
	涪陵区	82.49	6.53	29.58	4.60
	大渡口区	1.01	0.32	0.07	0.04
	江北区	0.82	0.54	0.11	0.04
	沙坪坝区	4.59	0.15	0.49	0.75
	九龙坡区	7.66	0.18	0.85	1.07
	南岸区	4.88	0.14	0.17	0.17
	北碚区	20.41	0.32	1.90	0.60
	綦江区	80.18	6.56	26.03	2.15
	大足区	52.22	5.51	25.09	4.95
	渝北区	28.65	2.26	5.27	1.39
重庆市	巴南区	51.19	1.75	11.25	4.32
	长寿区	44.19	1.51	37.87	8.45
	江津区	116.29	4.27	40.92	5.28
	合川区	78.20	4.42	64.47	10.25
	永川区	67.17	4.03	34.28	7.80
	南川区	55.02	5.45	29.26	2.14
	潼南区	75.17	5.92	23.52	6.34
	铜梁区	39.80	2.09	37.70	7.99
	荣昌区	47.28	3.90	41.81	2.45
	璧山区	29.19	0.78	27.47	2.95
	梁平区	49.01	3.33	34.17	3.81
	丰都县	35.35	6.88	27.36	2.77
	垫江县	56.84	2.22	28.78	3.14

---

① 资料来源：《2021重庆统计年鉴》和《2021四川统计年鉴》相关数据整理所得。

（续表）

地区		农业总产值（亿元）	林业总产值（亿元）	牧业总产值（亿元）	渔业总产值（亿元）
重庆市	忠县	46.18	3.01	33.01	3.28
	开州区	70.54	5.23	46.29	7.19
	云阳县	51.81	5.21	42.30	2.44
四川省	成都市	675.83	28.21	303.15	30.54
	自贡市	185.72	21.67	148.98	13.41
	泸州市	208.56	17.69	180.70	15.52
	德阳市	244.31	11.47	172.22	12.32
	绵阳市	279.24	30.73	275.14	24.22
	遂宁市	164.63	12.48	166.18	9.47
	内江市	218.96	17.13	154.96	22.26
	乐山市	189.49	26.91	189.93	24.34
	南充市	393.72	22.57	317.93	19.73
	眉山市	219.79	9.93	120.57	20.96
	宜宾市	266.83	35.55	231.39	19.14
	广安市	181.45	12.81	168.89	11.82
	达州市	336.00	23.50	239.72	19.66
	雅安市	149.18	16.57	64.50	3.63
	资阳市	137.29	13.98	130.59	11.89

资料来源：《2021重庆统计年鉴》和《2021四川统计年鉴》相关数据整理所得。

1.3.3 成渝地区农业融合发展状况

随着"西部海陆新通道"建设、"一带一路"建设等国家重大战略的布局实施，成渝地区农业产业发展协调性不断增强，乡村一二三产业融合持续加速，农业开放合作趋势稳定提升。《成渝现代高效特色农业带建设规划》中提出"大力发展农业产业化联合体，构建一二三产业深度融合、经营主体协调共进的现代农业经营体系"，为成渝地区双城经济圈农业产业融合发展指明了方向。2020年，成渝地区实现休闲农业和乡村旅游综合经营性收入1 187亿元，接待游客5.3亿人次以上，农产品加工业产值与农业总产值比重达到1.5∶1，农产品进出口贸易额达到207.33亿元，中欧班列（成渝）运送的货物中，农产品占16%[①]。

从各区（市、县）来看，各地依托自身资源禀赋和区域优势，结合农业加工、乡村旅游、科普教育、展会活动等产业，打造形成多元化的农业产业融合新业态、新场景、新模式。重庆市大渡口区作为重庆市都市圈重要组成部分，围绕蔬菜、柑橘、花椒三大特色产业，实施"农文旅商"深度融合发展，构建以生态采摘、旅游观光为特色的休闲观光农业。2020年全年乡村旅游接待游客48万人次，乡村旅游经营收入达到1.62亿元[②]，开展实施"稻花香""五彩油""义渡桃园"等项目和"农耕文化体验""中国农民丰收节"等活动。重庆市黔江区将民族文化、农村特色与旅游深度融合发展，推动乡村旅游全域全季节发展，加速推动农业产业"接二连三"，围绕桑蚕产业形成茧、丝、绸全产业链。2018年以来，黔江区沿阿蓬江两岸全域打造乡村旅游示范带，带动建设40个乡村旅游点和20余条精品旅游路线[③]。重庆市涪陵区大力推动发展种养循环农业，加快提速农产品加工业，不断横向拓展农业功能，持续深化农旅融合发展，2021年上半年实现农产品加工产值165.71亿元，乡村旅游游客数量和经营收入同比增长48.6%和21.5%。同时，涪陵区十分重视科学技术在产业中的渗透融合，建成多个各级电子商务服务运营中心（站点），农产品网络零售额增长23.01%[④]。

四川省成都市围绕公园城市建设要求，深度挖掘特色镇（街区）和川西林盘最有基础、最具潜力的特色产业，探索"社会资本+集体经济组织+农户"开发模式和"特色镇、川西林盘、农业园区（景区）"多元融合模式，推动农业与文创、商贸、旅游、会展、博览、体育等产业有机融合，建成农商文旅体融合发展消费新场景1 160个，保护修复川西林盘794个，建成天府绿道5 100余千米，初步形成了以绿道为纽带，特色镇、川西林盘、精品民宿互为支撑的旅游目的地[⑤]。四川省眉山市重视农产品加工，农产品电商快速发展，一二三产业融合效应初显，2020年产地初加工率达到60%，农产品网络零售额达到19.31亿元，创建省级示范休闲农庄16个和省级示范农业主题公园7个，休闲农业综合经营收入达到35.41亿元[⑥]。四川省资阳市坚持"以农推旅、以旅兴农、农旅融合"的产

①　资料来源：《成渝现代高效特色农业带建设规划》。
②　中国网.重庆大渡口区实施"农文旅商"融合发展促乡村全面振兴[EB/OL].http://cq.china.com.cn/2021-12/02/content_41809807.html.
③　上游新闻.「牢记殷殷嘱托·谱写巴渝新篇」农旅融合走新路，黔江区打造乡村振兴新引擎[EB/OL].https://baijiahao.baidu.com/s?id=1731310442626987872&wfr=spider&for=pc.
④　资料来源：重庆市涪陵区发展改革委相关公开数据整理所得。
⑤　资料来源：调研收集政府相关材料整理所得。
⑥　资料来源：《眉山市"十四五"都市现代农业规划》。

业融合发展之路，构筑起了"五核四片多点"的农旅融合发展布局[①]，2021年建设5个市级农旅融合示范点，开展乡村旅游活动20余次，游客数量达到807.3万人次，实现相关收入52.9亿元[②]。

1.3.4 成渝地区美丽乡村治理状况

《成渝地区双城经济圈建设规划纲要》提出建设高品质生活宜居地，促进社会公共事业共建共享，大幅改善城乡人居环境，打造世界级休闲旅游胜地和城乡融合发展样板区，为农村建设治理提出了更高的要求。"三农"是成渝地区建设的重点和短板，近年来该区域十分重视农村人居环境、治理体系、公共服务等方面的改善优化，农村卫生厕所普及率不断提高，90%以上的行政村生活垃圾得到有效处理[③]，建制村客车通车率达到92%以上，各区域的"快递进村"覆盖率均达到50%以上，重庆市的"快递进村"覆盖率达到86.91%，成渝地区农村基础设施建设加快。

在农村公路建设方面，四川省范围内除宜宾市农村公路总里程是2 459km外，大部分地区的农村公路总里程均达到6 000km以上。其中，泸州市、遂宁市、内江市、乐山市、广安市、资阳市等农村公路总里程达到1万km以上；成都市、南充市、达州市等农村公路总里程达到了2万km以上。重庆市范围内的各区（县），除渝中区全部城镇化和北碚区达到1 175.39km外，各地农村公路总里程达到2 000km以上。其中，万州区农村公路总里程更是达到了10 504km[④]。在人居环境改善方面，成渝地区大部分区（市、县）农村厕所普及率在80%以上，整体平均水平达到87.38%，大渡口区达到100%，丰都县、开州区、云阳县、德阳市、眉山市等达到70%以上（图1-13）。此外，农村生活污水治理取得一定成效，区域整体治理率达到51%，四川省范围内各市2020年农村生活污水治理率普遍在50%以上，成都市、泸州市、遂宁市、内江市、南充市、眉山市等更是达到70%以上，而重庆市范围内各区（县）的农村生活污水治理率在40%以下的占比达到了64.29%（除去渝中区），长寿区、璧山区、南岸区等地农村生活污水治理率较高，达到80%以上（图1-14）。

---

① "五核四片多点"指5个核心示范项目，4个农旅融合示范片，多个农旅融合点。
② 资料来源：资阳市人民政府相关数据整理所得。
③ 资料来源：《成渝现代高效特色农业带建设规划》。
④ 资料来源：各区（市、县）政府官网、交通规划等相关数据整理所得。

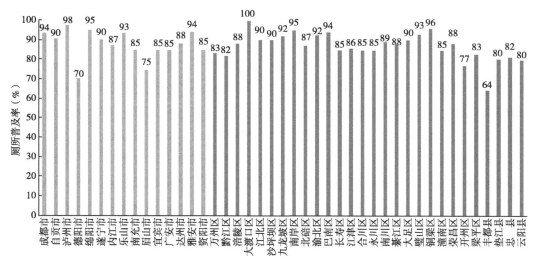

图1-13 2020年成渝地区农村厕所普及率情况

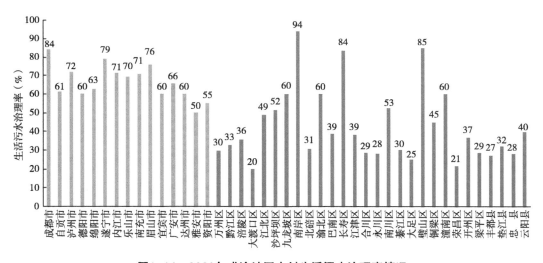

图1-14 2020年成渝地区农村生活污水治理率情况

在文化服务载体建设方面，2020年四川省范围内的城市共计拥有2 358个乡镇文化站，农村有线广播电视用户数达到254.41万户，各地农村有线广播电视入户率基本达到10%以上（除泸州市和达州市），其中成都市达到20.41%，眉山市达到18.19%，整体水平偏低。此外，各地农村广播覆盖率和电视覆盖率均达到95%以上。成渝地区积极组织开展各类文化教育活动，持续提升完善村民文化素质水平。德阳市罗江区全面开展"文明家庭""文明村镇""星级文明户"等文明文化传播评选活动，县（区）级及以上文明村占比高达93.5%；眉山市推行"群众点戏、政府买单"文化产品供给模式，打造"东坡大舞台""文化惠民乡村行""乡村春晚"等基层文化活动品牌，每年开展2 300场次群众文化活动，累计创作农村题材作品238件，并组建全民艺术普及联盟，成立116支、近4 000人的文化志愿服务队伍；雅安市雨城区充分整合村文化室、村级广播、农家书屋、党员远程教育、阅报栏（屏）和体育健身设施等，加快完善农村文化建设的综合配套设施，推动镇、街道文化站做好文化站（中心）免费开放，开展丰富多彩的文化文艺活动，满足村民对文化生活的需求；重庆市万州区充分利用乡村文化广场、文化墙等农村文化宣传载体，对道德模范事迹、传统孝德文化、社会主义核心价值观等文化内容进行宣传，增强文明乡风建设的内在动力；重庆市涪陵区在部分乡镇开展"文明积分"试点，在全区打造了15个样板站点，敦促村民自觉改掉陈规陋习，积极弘扬文明乡风。在乡村治理方面，德阳市罗江区建立起村民自治组织，完善村规民约（居民公约），建立"红黑榜"，细化《红白理事会章程》《红白理事会工作纪律》《婚（丧）事简办制度》等村民自治政策措施，推动当地区域改善在厚葬薄养、人居环境、大操大办等方面的陋习；绵阳市北川县宝林村探索制定《诚信"六条"德政工程积分管理办法》，采取"每人每年60分基础分+正能量分"的方式，推动村民参与乡村治理的内生动力。此外，2019年12月6日，四川省崇州市、米易县、德阳市罗江区、广元市利州区、隆昌市、西昌市被批复为全国乡村治理体系建设试点单位，乡村治理体系建设试点示范工作取得了初步成效。

2 成渝地区发展机遇与挑战

2.1 成渝地区发展前景与优势

2.1.1 区位空间优势

　　成渝地区，具有鲜明的自然地理优势。在古代就因发达的农业和手工业成为古南方丝绸之路的东端起点，北接陕西省、甘肃省，西通西藏自治区、新疆维吾尔自治区，毗邻陇海—兰新走廊，延接欧亚大陆桥和北方丝绸之路进入中亚和欧洲，南连云南省、贵州省、广西壮族自治区，可以直达西南出海口进入东南亚、印度洋，东邻湖南省、湖北省，进入中部、东部乃至直接出海，处于中国东西结合、南北交汇的中间地带。成渝地区是"一带一路"建设和西部大开发、长江经济带战略的交汇点，是打通西部陆海新通道建设的重要战略支撑，是国家推进新型城镇化建设的重要示范区，是撬动整个西部地区发展、推动中国区域协调发展的关键战略区域，其优越的地理空间优势保障了区域产业经济发展。

　　成渝地区具有独特的交通优势，在区域内部已建成公路、铁路、水路航运等多维交通网络，实现了人口与物资在两个城市之间的快速流通，构筑起成渝地区交通运输流通的区位空间优势。公路交通方面，成渝地区拥有西部重要的公路交通枢纽，两地之间拥有成渝、遂渝、南渝等高速公路，四川省境内以成都市为中心，向四周每个城市建设成为发散公路网，重庆市境内以重庆市为中心建有渝万、渝合以及319国道等高速公路。铁路交通方面，成渝地区内部铁路网密集，拥有西部最大的铁路交通枢纽，向北有宝成线、向西有成昆线、向南有成渝线、向东有渝怀线等均为主要的铁路干线，重庆市四周布局建设的湘渝、川黔、遂渝等铁路干线，构成了成渝地区内外联系的主要通道。在铁路运输方面，成渝地区是中欧班列开行最早、运行最稳定、运输货值最大、影响力与辐射范围最广、综合竞争力最强的地区（表2-1）。2021年，中欧班列（成渝）开行班列超4 800列，占全国中欧班列的30%，运输货值超2 000亿元，两项指标均为全国第一。回程班列占比达55%，是唯一实现双向运输平衡的班列，充分体现了新冠疫情背景下中欧班列呈逆势增长势头，凸显了成渝地区在整个中欧陆路贸易中的作用。在水路航运方面，位于长江上游的成渝地区，坐拥长江"黄金水道"，拥有发展水运交通运输的天然地理环境优势。长江航运重庆市辖段主要分布在长江上游，共计722.2km水域范围，其中干线680.7km，干支交汇水域（86处）41.5km。涉及主要港口13个、枢纽港4个、重点港区7个、码头423座，拥有航运企业233家，其他游船单位120家，年均货运量2亿t、客运量480万人次。截至2019年8月，重庆市港口货物和集装箱吞吐能力分别达到2.1亿t、480万标箱，其吞吐能力占长江上游的70%，已成为长江干线南京以上最大的内河港口，长江上游地区最大的集装箱集并港、大宗散货中转港、滚装汽车运输港及邮轮母港。2020年3月，川渝两地交通部门形成的《关于进一步深化川渝交通运输合作有关事宜会议纪要》表示，川渝两地将携手推进交通基础设施互联互通，共同编制区域交通规划，加快省际高速公路、毗邻地区干线公路建设，协同推动水运通道建设。统筹加强运输组织管理，共同建设长江上游航运中心，强化综合交通一体化规划建设。成渝地区交通基础设施互联互通加快推进，将加快形成全国经济增长"第四极"，促进我国经济纵深由沿海向内陆拓展。

表2-1　成渝地区城际铁路建设规划（2015—2020年）部分铁路项目

层次	项目名称	区段	建设里程（km）		
			合计	四川境内	重庆境内
骨架网	绵遂内宜铁路	绵阳—遂宁	126	126	
		遂宁—内江	124	124	
		内江—宜宾	120	120	
	达渝城际	达州—邻水—重庆（含广安支线）	239	179	60
辅助线和市域线	成都—新机场—自贡—泸州城际	成都—新机场（含成都东联络线）	34	34	
		自贡—泸州	88	88	
	重庆市域铁路	重庆—合川	75		75
		重庆—江津	32		32
		重庆—璧山—铜梁	39		39
	重庆都市圈环线	合川—铜梁—大足—永川	131		131
		合计	1 008	671	337

2.1.2 产业发展优势

成渝地区具备产业协同发展的政策支持优势。国家层面，早在2005年，国家发改委就将成渝经济区纳入了国家"十一五"前期规划。2006年，国务院发展研究中心在《"十一五"时期我国地区经济发展的思路和对策》中提出，要加强重庆市与成都市职能分工与合作，建成以两大都市为中心的双核城市群，成为西部最具经济实力和科技开发能力的产业基地。2011年国务院审核并通过《成渝经济区区域规划》，标志着成渝经济区的建设正式实施。此后，成渝地区逐渐被纳入国家重点推进工作之一，并逐渐上升为国家战略。2018年11月，中共中央、国务院印发的《关于建立更加有效的区域协调发展新机制的意见》，与2019年4月国家发改委发布的《2019年新型城镇化建设重点任务》，都将成渝城市群的发展放在仅次于京津冀城市群、长三角城市群及粤港澳大湾区之后的位置。

伴随着国家相关政策落地，成渝地区政府有关部门也相继出台《成渝地区双城经济圈经济区与行政区适度分离改革方案》《成渝地区双城经济圈优化营商环境方案》《支持成渝地区双城经济圈市场主体健康发展若干政策措施的通知》《成渝现代高效特色农业带建设规划》等政策，围绕产业发展、区域管理、营商环境、支持保障等重点内容做出了布局与安排，为成渝地区内部产业协同发展提供了良好的政策环境（表2-2）。

表2-2　成渝地区协同发展政策基本情况

2005年	国家发改委将成渝经济区纳入了国家"十一五"前期规划，成渝经济区首次进入了中央政府的视野
2006年	国务院西部开发办颁发《西部大开发"十一五"规划》，提出重点建设成渝、关中—天水、环北部湾（广西）等经济区，把其建设成为带动和支撑西部大开发的战略高地
2007年4月	四川省人民政府签署《关于推进川渝合作共建成渝经济区的协议》，提出打造中国经济增长"第四极"的目标
2008年10月	川渝两省市签署《关于深化川渝经济合作框架协议》，标志着川渝合作共建成渝经济区进一步深化
2009年10月	四川省人民政府出台《关于加快"一极一轴一区块"建设推进成渝经济区发展的指导意见》，提出加快"一极一轴一区块"建设，形成国家新的重要增长极
2011年6月	《成渝经济区区域规划》出台

（续表）

2015年5月	重庆市和四川省签署《关于加强两省市合作共筑成渝城市群工作备忘录》
2016年4月	从《成渝城市群发展规划》印发，再到确定"成渝地区双城经济圈"，成渝两地一体化发展理念贯穿始终
2019年7月	在推进川渝经济社会发展全面合作座谈会上，四川省和重庆市签署了包括《深化川渝合作推进成渝城市群一体化发展重点工作方案》《关于合作共建中新（重庆）战略性互联互通示范项目"国际陆海贸易新通道"的框架协议》2个重点工作方案（协议）和《共建合作联盟备忘录》在内的"2+16①"个协议（方案）
2019年7月	重庆市两江新区党政代表团考察四川省天府新区，双方在座谈会上就产业发展、创新驱动、内陆开放、绿色发展等方面优势互补、紧密合作、共同提升，进行了深入交流，并提出建立常态化的联系机制，推动两个国家级新区共同成为川渝深化合作的示范区，助力成渝城市群一体化发展
2020年1月	中央财经委员会第六次会议指出，成渝地区双城经济圈建设，有利于在西部形成高质量发展的重要增长极，打造内陆开放战略高地，有利于助推成渝地区成为具有全国影响力的重要经济中心、科技创新中心、改革开放新高地、高品质生活宜居地，对于推动高质量发展具有重要意义
2020年1月	天府新区成都党工委派出工作组，前往重庆市两江新区就深化合作进行对接
2020年2月	两江新区、天府新区共同打造内陆开放门户第一次联席会议召开。会上，两江新区、天府新区初步达成了6项共识，包括携手加强规划战略协同、携手探索内陆开放新模式、携手推进交通互联互通、携手推进产业联动发展、携手助力西部科技创新中心建设、携手深化多领域改革合作
2020年3月	以"新业态·新机遇"为主题的成渝地区双城经济圈产业服务峰会在重庆市两江新区举行。川渝各地39个政府机构、相关企业代表、行业组织通过在线峰会的形式，围绕成渝地区政府和企业如何发展数字经济新业态，抢抓成渝地区双城经济圈建设重大战略机遇等热点话题，开展线上对话和交流

---

① "2+16"指《深化川渝合作推进成渝城市群一体化发展重点工作方案》和《关于合作共建中新（重庆）战略性互联互通示范项目"国际陆海贸易新通道"的框架协议》2个工作方案和《共建合作联盟备忘录》《推进成渝城市群产业协作共兴2019年重点工作方案》《推进成渝城市群生态环境联防联治2019年重点工作方案》《推进成渝城市群交通基础设施互联互通2019年重点工作方案》《推进成渝城市群开放平台共建共享2019年重点工作方案》《推进成渝城市群无障碍旅游合作2019年重点工作方案》《推进成渝城市群市场监管体系一体化2019年重点工作方案》《深化规划和自然资源领域合作助推成渝城市群一体化发展协议》《深化建筑业协调发展战略合作协议》《推动乡村振兴共建巴蜀美丽乡村示范带战略合作协议》《川渝合作示范区（广安片区）2019年重点工作方案》《川渝合作示范区（潼南片区）2019年重点工作方案》《成渝轴线县（市）县协同发展联盟2019年重点工作方案》《深化川渝合作推动泸内荣永协同发展战略合作协议》《深化达（州）万（州）一体化发展2019年重点工作方案》《共建成渝中部产业集聚示范区合作协议》16项合作协议。

成渝地区具备产业发展区域一体化优势。当今世界国际环境日趋复杂，不稳定、不确定性明显增强，单一产业、单一区域的独立发展无法充分应对日趋复杂的国际环境，在市场选择的推动下，需要区域间加强内在的经济联系性，促使各种生产要素冲破行政界限的束缚，实现跨区域的流动。在此情况下，国际产业分工趋向深化，经济全球化和区域一体化形式火热推进。国内也重视推动长江三角洲、珠江三角洲等经济区建设。成渝地区山水相连、人文相近、产业相似，形成了协同发展区域一体化产业的天然基础，且国家层面和省级以及府际层面先后出台百余部政策，先后有成德绵同城化、成德绵乐同城化、成德眉资同城化、成德同城化空间发展等战略落地实施，为成渝地区的产业协同发展扫清了障碍。成渝地区产业发展能够充分发挥重庆市、成都市这两个西部区域性中心城市龙头区域增长极点的拉动作用，向四周发散建设重要铁路、高速公路网等基础设施，缩短区域内各城市之间的距离，统筹区域内城乡规划，实现统一的行政管理体制，建立区域内统一的公共服务和社会保障体系，从而进一步推动成渝地区产业与人口的空间集聚，逐步深化产业链和产业体系，带动和促进区域内中小城市的发展。因此，成渝地区具备从资源条件、区位优势、经济基础、产业现状、发展动力等多个维度进行统筹规划、合理分工的条件，具备推进资本市场、区域通关、金融基础设施、信息网络和服务平台、人力资源市场、技术市场、市场秩序和信用体系、旅游服务等方面的一体化乃至同城化建设发展的潜力，能够有效地促使城市和城市集群在产业结构及专业化程度、组织结构、空间布局、区位条件、基础设施、行政资源和经济要素的空间集聚方面形成更大竞争优势。由此可见，无论是社会发展趋势，还是政策导向，都为成渝地区间的一体化发展带来新可能，这种可能促进了区域产业间的交融发展，有助于区域产业进一步重构生产和服务体系，为成渝地区产业经济提供了一体化发展优势。成渝地区间的产业发展有潜力拥有更强大、便捷、高效的物质流、能量流、人口流、信息流、资金流来参与区域间、全国乃至全球间的竞争。

2.1.3　创新文化优势

成渝地区具备文化一体化优势。成渝地区的发展包括规划、环保、基础设施、制造、市场、服务等经济、文化方面的一体化过程，其中文化的一体化是更深层、内在和持久的融合发展，也是成渝一体化发展的灵魂所在。成渝之间地域文化相似、民间血缘相通，具有深厚的文化合作基础，其中川渝两地人民共同创造了巴蜀文明，已有5 000余年发展历程，在辉煌灿烂的中国文明中占据着重要地位。在古丝绸之路时代，川渝就是南方丝绸之路的东方起端，在促进东西方的经济交往和对外交流中共同发挥着重要作用。在抗日战争和三线建设时期，川渝一直是国家重要的后方战略基地，共同为保障国家战略安全，承接三线建设产业的转移，为改革开放的顺利进行，促进东部地区的快速发展提供了物质和人才基础的坚实保障。在现代的工业化和海洋时代，成渝地区又共同承担起了"建设西部内陆开放高地"的历史重任，在西部大开发战略中处于关键的火车头地位。虽然重庆市已于1997年由四川省辖变为中央直辖，但文化氛围与文化传统不会随着行政区划的变更而改变，成渝地区一直有着相同的语言体系。相似的生产方式和相近的生活习俗，"川渝一家"的理念一直占据着绝对的主流，共同的文化传统使得川渝两地整体统筹、共同建设具备广泛的群众基础，更易使人们对成渝地区双城经济圈协同发展产生广泛认同并积极参与，以全方位的良好基础为合作契机，抓住重大的历史机遇，顺应潮流形势，促进本区域经济、社会协调发展。以巴蜀文化为特征的成渝地区，在国家战略蓝图中已从最初的"成渝经济区""成渝城市群"调整到了"成渝地区双城经济圈"，并渐渐展露出与京津冀、长三角、粤港澳大湾区等城市群那样的区域一体化发展态势。成渝在落实习近平总书记关于"两中心两地"的战略定位时，一方面汲取其他经济增长极的先进经验，另一方面基于不同的人文环境、社会基础和不同的资源禀赋，摸索"第四经济增长极"自身的发展模式，一条用巴蜀文化支撑起来的可持续发展方式。可以看到，独具魅力的巴蜀文化是把成渝建设成为"具有全国影响力的重要经济中心、科技创新中心、改革开放新高地、高品质生活宜居地"深层而内在的动力来源。

成渝地区具备"文化+其他产业"高关联度优势。在现代技术条件下，文化传播的载体呈现出多元化、多样性的趋势，文化产业与制造业、旅游业、建筑业、装潢业、信息业、包装业等多种产业紧紧地联结在一起，并越来越成为区域创造力的重要源泉与区域竞争力的重要因素。成渝地区是具有西部特色的文化产业活跃区域，具有极强的创新潜力和发展空间。2020年5月，中共中央、国务院印发的《关于新时代推进西部大开发形成新格局的指导意见》强调，包括川渝等西部省份要发挥比较优势"推动形成现代化产业体系"，深化旅游资源开放、信息共享、行业监管、公共服务、旅游安全、标准化服务等方面国际合作，提升旅游服务水平，要依托风景名胜区、边境旅游试验区等，大力发展旅游休闲。与此同时，成渝地区丰富的旅游资源和源远流长的巴蜀文化，为农村一二三产业融合发展创造了有利条件和独特优势。近年来，成渝地区休闲农业和乡村旅游业综合经营性收入稳定在2 000亿元以上，产业规模效益持续领跑全国。目前，成渝文化产业与信息旅游、体育教育等第三产业部门正在发生广泛的渗透和融合，形成了以文化为纽带、关联度日益密切的庞大产业集群。如成都市的农商文旅体融合发展是包括空间融合、业态融合、功能融合等多元融合，有助于形成新的集公共、生态、生活、生产于一体的城市发展模式。重庆市也深入实施"互联网+""文化+"战略，在加快推进传统文化行业转型升级的同时，不断促进数字文化产业类新兴业态的发展。重庆市通过政府引导、市场运作、招商引资和项目带动，已先后建成37个特色文化产业集聚区。全市的文创园区、基地总数达到100个，其中包括国家级的文化产业示范基地7个，国家新闻出版产业基地2个，入驻的企业已经超过8 000家，年总产值超过200亿元。与此同时，成渝文化产业领域的创意设计、电子商务、会展、广告等生产性服务业，与一二产业日益融合发展，不断提升传统产业的内在价值，在推动经济发展、优化经济结构中发挥着越来越大的作用，特色文化正在成为成渝打造"旅游城市"的名片。

2.2　成渝地区发展机遇

2.2.1　"双循环"发展新格局为成渝发展赋予新动能

近年来，在东南亚、南亚等新兴国家崛起，西方发达国家制造业回归的双重背景下，少数国家奉行保护主义和单边主义政策，使得全球供应链、价值链加速迁移并重构。中国长期以来作为世界工厂，以沿海地区为中心的出口型制造业发展迅速，但新冠疫情加大了我国外部环境发展的不确定性。虽然疫情不会导致世界经济全球化终结，但各国转向自己国内发展的趋势已逐渐显露。面对环境变化，加快形成国内大循环是当务之急。其中，两个至关重要的关键词，即内需和内陆，刚好对应了成渝地区所代表的西部地区。成渝地区拥有良好的基础条件和发展潜力，其承东启西、连通南北的区位优势，让这片区域有能力成为"内循环"的核心枢纽。按照"资源密集型和劳动密集型产业—资本密集型产业—技术密集型产业"的产业梯度转移顺序，推进沿海地区制造业向西部大后方转移，促进西部地区经济发展，有助于激活西部地区4亿人口的庞大内需市场，形成更高质量的内循环体系。

在复杂严峻的国际形势下，我国向东开放面临风险，未来一段时间面向欧亚大陆向西和向南开放将凸显出更加重要的地位。后疫情时代全球供应链、产业链重构已难以避免，而是否拥有稳定可靠的国际物流大通道将会成为全球产业、供应链巨头重新布局时重点考虑的因素之一。成渝地区已经具备了发展泛亚泛欧供应链配置中心的基础，在推动全球物流供应链改造的同时，有望成为新一轮外循环的新起点，开启中国对外开放的"内陆时代"。从地图上看，多条国际物流大通道在成渝地区形成联结点——向东，中欧班列与长江黄金水道打通"最后一公里"，实现"一带一路"与长江经济带的无缝衔接；向西，中欧班列可从成渝直达欧洲各国；向南，成渝直达新加坡等东盟国家的陆海新通道已常态化运行，实现丝绸之路经济带和21世纪海上丝绸之路在成渝地区的有机衔接；向北，成渝两地均已开通直达俄罗斯的国际班列。深居内陆腹地的成渝地区，已成为我国向西、向南开放的窗口。唱好成渝"双城记"，有利于我国利用欧洲的技术、中亚的能源等优势资源，打通南亚、东南亚的市场，推动我国形成"东西双向互济，陆海内外联动"的开放新格局。

2.2.2 成渝双城经济圈建设为成渝发展打造新增长

京津冀、长三角、粤港澳三大经济圈由北向南，分布在东部沿海地区，成为改革开放以来引领我国经济腾飞的主要动力源。而在占国土面积2/3的西部地区，却一直缺少国家级经济圈的带动。统计数据显示，京津冀、长三角、粤港澳三大经济圈用全国2.8%的土地聚集了约18%的人口，贡献了约38%的GDP，而西部地区占据71%的国土面积，GDP仅占全国的20%左右。面对全面建设社会主义现代化国家新征程，必须妥善解决好东部和西部地区发展不平衡、不充分的矛盾。

2020年是全面建成小康社会收官之年，在"两个一百年"奋斗目标的历史交汇期，习近平总书记站高谋远、因时应势，做出推进成渝地区双城经济圈建设的重大战略决策，将地处西部的成渝地区打造成为继长三角、粤港澳、京津冀之后的第四增长极，推动成渝地区实现从西部内陆、战略后方向开放前沿、发展高地的根本性跃升，区域能级显著提升、发展格局深刻重塑、社会信心极大提振，为进一步缩小与发达地区发展差距、实现追赶跨越创造了重大战略机遇，为川渝两地在新的历史起点上全面开启社会主义现代化建设新征程蓄势赋能。成渝地区拥有两个人口超千万的国家中心城市，承载了西部26%的常住人口、19.8%的经济总量，是西部地区人口最密集、产业基础最雄厚、创新能力最强、市场空间最广阔、开展程度最高的区域，成渝地区双城经济圈建设为其承接东部产业转移，吸纳生产、技术、资金、创新的产业要素打通了路径，推动成渝地区与东部沿海地区经济禀赋形成较强的互补，能较快形成较强的区位、产业、通道、综合成本、资源禀赋、体制机制政策等后发优势，有利于成渝两地协同推动生产要素高效聚集，并在西部形成高质量发展的重要增长极。

2.2.3 "一带一路"和"陆海新通道"建设延伸成渝发展新空间

成渝地区地处我国西南地区东西结合、南北交汇处，是"一带一路"和长江经济带联结点，是我国南向、西向开放的门户，也是西部陆海新通道的起点。2019年8月，国家发展改革委印发《西部陆海新通道总体规划》，明确建设自重庆市经贵阳市、南宁市至北部湾出海口，自重庆市经怀化市、柳州市至北部湾出海口，以及自成都市经泸州市（宜宾市）、百色市至北部湾出海口三条通路，共同形成西部陆海新通道的主通道。陆海新通道有助于形成成渝地区间的产业联动、资源统筹，发挥成都市和重庆市双向双核的发力作用，并使得成渝携手在口岸互联、产业招商互补、开放创新互享、机制协调互促等方面提高对外开放水平。如今，依托四通八达的国际物流大通道，地处"一带一路"和长江经济带联结点的成渝地区，已从内陆腹地变身为开放前沿，承东启西、连通南北的战略地位日益凸显。

成渝地区相向协同发展过程中，也在着力推动开放通道和平台联建，以求务实推动"一带一路"合作与陆海贸易新通道建设，协同加快国际开放大通道建设，共同推动各类开放平台提档升级、协同发力，增强集聚辐射功能，在更大范围、更高层次配置资源、拓展市场。目前，成渝两地中国自由贸易试验区建设有力有序有效推进，中欧班列（成渝）作为服务"一带一路"建设的重要载体，截至2022年6月，累计开行突破2万列，占全国比重超40%，运送的货物中，农产品占比达到16%。青白江国家级农业对外开放合作试验区、中国（成都）国际农产品加工产业园区正在加快建设推进。由此可见，"一带一路"和"陆海新通道"的建设，能够进一步强化与沿线国家和地区农业资源、技术、贸易等的优势互补，形成特色农产品贸易集散和专业市场集聚，有效延伸成渝地区农业发展的新空间，提升西部地区农业对外开放水平，提高我国农业整体竞争力。此外，随着国际产业分工不断深化，南亚、东南亚与我国经济联系日益紧密，东部地区产业向中西部地区转移的趋势不断增强，西部陆海新通道建设深化了陆海双向开放，促使成渝地区作为内陆腹地的区位条件得以重塑，为区域农业形成全方位对外开放格局提供了基础。

2.3 成渝地区发展挑战与困境

2.3.1 区域协调机制不健全

缺乏畅通的沟通协调渠道。成渝两地在长期发展过程中形成了以行政区经济为主体的发展模式，特别针对具有较强共性的事项活动，各地往往以自身行政区域内的实际情况为主要依据，而对区域整体及周边相关地区的情况考虑较少，如成都市和重庆市根据自身发展需求提出了物流中心、金融中心等区域经济功能定位，在建设布局过程中以竞争关系为主，在成渝城市群内部出现资源争夺的情况，甚至区域产业发展中出现同构或重复的情况，难以在经济发展中形成合力。虽然目前实施采用联席会议方式以加强两地发展建设的交流沟通，但难以围绕成渝地区发展战略、空间规划、区域交通等协同发展问题进行统筹的、多层次的谋划布局，仍尚未形成及时、有效、规范的联络沟通机制，使得各地区之间难以充分、及时掌握各区域协同发展的相关信息，尚不能满足成渝地区协同发展的沟通交流需求，需要进一步搭建关系更为紧密、交流更为及时的沟通协调方式与路径。

缺乏整体性的利益共享制度。成渝地区内部各地在财政、投资、项目审批、物资供应、价格调整、信贷控制等方面具有一定的自主权、决策权和调控权。各级地方政府为了避免本地区利益在合作中外溢，便会不顾及区域合作的全局利益而首先确保本地区利益的最大化，或多或少存在"本位主义""地方保护主义"等现象，如两地为争夺市场，保护地方利益，在金融、信息、旅游、教育、商贸等方面制定了大量的地方性规章、行政文件和政策保护本地的企业和人员，合法地筑起了制度壁垒，限制了外地物品、资金、人员与服务等可流动要素在成渝经济区内的流转，使得成渝地区内部利益关系的复杂化，造成跨省、跨地区的经济运行缺乏合作机制、市场交易成本过高、秩序混乱等问题。由此可见，成渝地区跨区域的利益共享机制的不完善，使得区域内部各城市在发展经济、产业、生态等过程中，普遍以维护自身既得利益为根本核心，缺乏对成渝地区协调发展的全局利益的考虑。目前，在相关政策引导下，成渝两地围绕产业、生态、公共服务等内容构建利益共享机制以推动形成利益共同体，未来需要进一步加强相关政策机制的布局研究。

缺乏协同的行政管理规章。成渝地区行政管理层面的协同目前处于探索阶段，近年来出台了高速公路交通执法管理、知识产权合作保护、基础设施合作建设等行政协同管理制度，但在具体落实过程中存在一定阻碍。如重庆市潼南区与毗邻的四川省遂宁市合作实施涪江通航工程，但由于川渝在拆迁补偿标准、行政审批时效等方面存在差异而推进缓慢；川渝合作示范区广安市在承接重庆市的汽车、电子信息等产业的转移过程中，由于川渝两地政策标准不统一，重庆市出台的一系列优惠政策仅针对重庆市境内企业，从重庆市转移至广安市的企业无法享受，直接影响重庆市企业落户广安市的积极性。在合作关系中应遵循的规制、应承担的责任、应担负的损失等相关内容的缺失，导致在相关行政协同管理制度实施过程中造成决策部门约束力、监督力及执行部门执行力的缺失。此外，法律层面的协同滞后进一步加剧了此问题的产生。成渝地区立法协同的节奏与经济协同发展的实践严重脱节，滞后于区域协同发展的实践进程。2021年以来，成渝地区完成了优化营商环境、水生态环境保护和铁路安全管理三个协同立法项目，但协同立法的制度规范仍不够健全，且因行政级差而仅在省级层面协同，影响相关区域开展紧密的合作。此外，成渝地区在长期地方立法实践中，形成了各自的规范和习惯，难免在协同立法工作中产生理解与行动方面的偏差，造成协同立法前期工作方式、工作进度和话语体系对接不精准的情况，导致立法协同合作方面缺乏相应的主动性和积极性。从整体层面来讲，成渝地区内部立法仍未真正建立起行之有效的协同立法机制。内部相同或近似的地方性法规或规章的制定内容上存在具体概念不同、标准不同、法律责任不一致等问题，区域内的相关地方立法主体在制定地方性法规规章时存在着重复立法、互相抄袭、设置法律壁垒、恶性竞争等现象，造成不同的地方立法主体对同一立法事项制定的法规规章也存在着相互冲突的现象，在后期推动区域法治的过程中造成区域内部出现法治冲突的情况。

2.3.2 发展定位存在同质化

城市功能定位趋同。成渝地区内部城市对各自的功能定位主要从自身情况出发，缺乏与周围地区的统筹协调，造成城市功能定位表现出明显的趋同现象，城市功能的趋同必将推动产业体系的趋同，各城市建成了"大而全、小而全"的产业体系。如成都市与重庆市不仅同为国家中心城市，在《成渝城市群发展规划》中经济、科创、交通运输等方面的定位也存在类似，发展战略和发展规划中选取的重点产业也比较相似，在电子工业、装备制造业、汽车产业、信息产业、新材料与新能源、生物医药等产业布局中具有较大的趋同性（表2-3）。没有分工的重复建设势必会造成资源的极大浪费，不利于经济圈整体的协调发展。在相距不到300km的范围内出现链功能相似的大城市，在很大程度上削弱中心城市的辐射功能，容易出现争夺经济腹地的情况，不仅助长了地方保护主义的盛行，也造成了城乡产业资源的重复投入浪费。

表2-3 《成渝城市群发展规划》中重庆市、成都市定位

	全国城镇体系地位	成渝城市群发展规划定位	重点新区
重庆市	国家中心城市	长江上游地区经济中心、金融中心、商贸物流中心、科技创新中心、航运中心	两江新区
成都市	国家中心城市	西部地区重要的经济中心、科技中心、文创中心、对外交往中心和综合交通枢纽功能	天府新区

产业重置性严重。成渝地区间自然禀赋条件相近，体制文化因素相似，市场销售渠道相关，致使整体区域产业结构差异性不明显，同质化现象较为突出，没有形成分工协作的关系，产业错位发展程度要明显弱于长三角，其出口产品相似度高达95%，远高于长三角内部相似度最高的江苏与上海的78%。成渝地区产业的重置性造成了内部产业的不良竞争，并不利于成渝地区的协同发展。根据相关统计年鉴数据显示，成都市和重庆市在全国具有比较优势的产业分别达到19个和12个，其中数字经济、电子信息、医药制造等9个产业重叠，分别占成都市和重庆市比较优势产业的47%和75%（2018年数据），在集成电路、汽车制造等细分领域存在同质化竞争和资源错配现象，尚未形成跨区域的产业联动发展，如在汽车产业，成都市拥有内部大市场的明显优势，而重庆市是全国重要的生产基地，两城具有"市场服务—生产制造"的整合发展条件，但因交通、制度、偏好、经济等多方面因素的影响，而尚未完全实现资源的有机整合以协同发展，需要进一步依托成渝地区各地产业优势和资源禀赋，统筹优化区域内部的产业及产业关键环节布局，提升成渝地区整体产业竞争力。

2.3.3 区域间经济发展不均衡

城市间差异大。成渝地区内部城市发展高度不均衡，成都市和重庆市两大核心城市对资源的吸纳能力远大于溢出能力，辐射带动能力不足，使得成渝地区呈现出双核独大的"哑铃形"失衡发展的格局。从表2-4中的城镇化率数据可以看出，成渝地区的城镇化水平发展不均衡，两极分化严重，成都市和重庆市2019年城镇化率分别达到74.41%和66.80%，均高于四川省平均水平，并超过成渝地区平均水平15%左右，而中部二三线城市相对中心城市发展滞后，城镇化率在40%~55%。城镇化率水平在一定范围内与经济发展水产呈现正相关，城镇化率的两极分化在一定程度上也影响着经济水平的两极分化，如表2-5的城市GDP数据显示，2019年成都市生产总值为17 012.65亿元，全国城市排名第7位；重庆市生产总值为23 605.77亿元，全国城市排名第5位，仅次于北上广深。两地之间的中小城市发展相对滞后，成渝地区排名第3位的绵阳市，生产总值仅为2 300亿元，德阳市、宜宾市、南充市、乐山市、自贡市等城市的生产总值均在1 000亿~2 000亿元，在两大核心城市中间形成了"中部塌陷"的局面。由于缺乏等级规模的中间层次，成渝地区的城市规模没有形成合理的梯度，区域内人口、科技金融活动、生产、商贸活动等都向高级经济中心加速集聚，生产要素、资源等过度地积聚，限制了区域内次级城市的发展，中心城市的发展也会面临前所未有的困难。因此，尽管在西部地区处于引领地位，但发展的不均衡性也造成成渝地区的经济密度不强。根据中国发展研究基金会发布的《中国城市群一体化报告》，城市群一体化水平可分成4个梯队，成渝城市群属于第3梯队。2018年，成渝城市群的经济密度仅分别为长三角和珠三角的18%、33%。长三角地区不仅有南京市、杭州市、宁波市等GDP近万亿元的核心城市辐射带动，还有40多个全国百强县协同发展；佛山市、东莞市等万亿元级别的城市也促使粤港澳大湾区形成了"大—中—小"城市协调发展的"多级支撑"格局。可见，成都市、重庆市作为成渝经济区的两个核心城市，对其他城市的辐射效应并不明显，尤其是连接两地的川南城市群，具有明显规模偏小、等级相近及综合经济实力、集聚与辐射功能较弱的特点，两市的影响力范围还未强大到在空间上相互重叠或呈连续分布。此种不平衡现象对成渝地区的进一步发展造成一定制约。

表2-4　2010—2019年成渝地区城镇化率（％）情况

地区	2010年	2011年	2012年	2013年	2014年	2015年	2016年	2017年	2018年	2019年
重庆市	53.00	55.00	56.98	58.34	59.60	60.94	62.60	64.10	65.50	66.80
成都市	65.75	67.00	68.44	69.40	70.37	71.47	70.62	71.85	73.12	74.41
自贡市	41.02	42.69	44.44	45.52	46.62	47.88	49.14	50.92	52.61	54.09
泸州市	38.80	39.92	41.73	43.29	44.84	46.08	47.50	48.95	50.46	52.00
德阳市	41.32	42.99	44.79	45.86	47.27	48.47	49.58	50.98	52.35	53.89
绵阳市	39.85	41.84	43.64	45.09	46.51	48.00	49.50	51.01	52.53	54.13
遂宁市	38.38	39.95	41.71	43.11	44.61	45.91	47.01	48.52	50.02	51.52
内江市	39.36	40.23	41.84	42.67	44.21	45.61	46.70	47.90	49.10	50.58
乐山市	39.48	41.20	42.97	44.53	45.93	47.31	48.73	50.17	51.83	53.36
南充市	35.91	37.55	39.34	40.89	42.43	43.82	45.07	46.47	48.14	49.72
眉山市	34.11	35.77	37.57	38.95	40.46	41.87	43.38	44.77	46.32	47.83
宜宾市	38.00	39.35	41.08	42.45	43.85	45.10	46.63	48.12	49.64	51.19
广安市	29.07	30.93	32.91	34.29	35.81	37.22	38.81	40.24	41.86	43.30
达州市	32.71	34.31	36.10	37.80	39.39	40.87	42.42	43.92	45.52	47.14

（续表）

地区	2010年	2011年	2012年	2013年	2014年	2015年	2016年	2017年	2018年	2019年
雅安市	34.62	36.56	38.30	39.80	41.30	42.55	43.95	45.35	46.85	48.37
资阳市	32.73	34.45	36.15	36.89	38.20	39.50	40.08	41.34	42.71	44.15
四川省	40.18	41.83	43.53	44.90	46.30	47.69	49.21	50.79	52.29	53.79

资料来源：各地统计年鉴相关数据计算整理所得。

表2-5 2018—2019年一线城市与新一线城市GDP总量排行榜

排名	地区	2019年GDP（亿元）	2019年GDP增速（%）	2018年GDP（亿元）	2018年GDP增速（%）
1	上海市	38 155.32	6.00	32 679.87	6.60
2	北京市	35 371.30	6.10	30 300.00	6.60
3	深圳市	26 927.09	6.70	24 221.98	7.60
4	广州市	23 628.60	6.80	22 859.35	6.20
5	重庆市	23 605.77	6.30	20 363.00	6.00
6	苏州市	19 235.80	5.60	18 500.00	7.00
7	成都市	17 012.65	7.80	15 342.00	8.00
8	武汉市	16 000.00	7.80	14 847.29	8.00
9	杭州市	15 373.05	6.80	13 509.20	7.19
10	天津市	14 104.28	4.80	18 809.64	3.60

资料来源：各地统计年鉴相关数据整理所得。

城乡间经济水平差异大。成渝地区位于我国总体经济欠发达的西部地区，拥有大片农业农村区域，在空间上的城乡分割态势给经济社会均衡发展带来很大的制约，城乡二元结构广泛存在。如表2-6所示，2018年，城镇居民和农村居民人均可支配收入差距较大，重庆市和成都市城乡居民人均可支配收入差距超过20 000元，其他城市的差距在15 000元以上。城镇和农村人均可支配收入对比系数相差较大，除成都市为1.90∶1以外，其余地市均在2.00∶1以上，其中以重庆市的2.53∶1最大。人均消费支出方面，也显示了相同的趋势，城镇居民人均消费支出与农村居民人均消费支出差距较大，人均消费支出对比系数最高的是达州市的2.03。城乡居民人均收入对比系数相差过大，人均消费支出偏高，导致城乡居民在除日常生活之外的其他方面的消费灵活性大幅降低，使得城乡二元结构现状在今后很长一段时间内仍会继续制约成渝地区的经济社会发展。此外，成渝地区城乡间存在产业融合、城乡资源的相互流动尚不充分，城乡间产业结构差异大、产业互动性差与产业关联度低等问题，与东南沿海等发达地区差距较大。主要表现为成渝地区大部分农村经济相对落后，先天积累不足，后天资金缺乏，在公共基础设施设备等方面无法满足居民日益增长的需求，从而制约了经济社会的发展；大量生产要素从外围农村流向中心增长性城市，生产要素的流出抑制了农村经济增长，导致城乡差距不断拉大、城乡发展严重失衡。

表2-6　2018年成渝地区城乡人均收入与支出对比情况

地区	居民人均可支配收入（元）			居民人均消费支出（元）			居民恩格尔系数	
	城市	农村	城乡对比（以农村居民=1）	城市	农村	城乡对比（以农村居民=1）	城市	农村
重庆市	34 889	13 781	2.53	24 154	11 977	2.02	0.31	0.34
成都市	42 128	22 135	1.90	27 312	15 977	1.71	0.33	0.37
自贡市	33 597	15 692	2.14	21 833	12 716	1.72	0.39	0.41
泸州市	34 141	14 983	2.28	22 961	11 399	2.01	0.37	0.41
德阳市	34 216	16 583	2.06	23 960	12 944	1.85	0.32	0.35
绵阳市	34 411	16 101	2.14	22 854	12 676	1.80	0.34	0.37
遂宁市	31 830	14 844	2.14	22 638	12 417	1.82	0.35	0.39
内江市	32 982	14 908	2.21	20 427	11 736	1.74	0.33	0.38
乐山市	33 663	15 173	2.22	22 768	12 309	1.85	0.35	0.37
南充市	30 810	13 583	2.27	19 703	11 077	1.78	0.36	0.41
眉山市	33 697	16 563	2.03	21 035	13 121	1.60	0.35	0.38
宜宾市	33 465	15 391	2.17	22 303	12 066	1.85	0.35	0.39

（续表）

地区	居民人均可支配收入（元）			居民人均消费支出（元）			居民恩格尔系数	
	城市	农村	城乡对比（以农村居民=1）	城市	农村	城乡对比（以农村居民=1）	城市	农村
广安市	33 079	14 931	2.22	22 075	11 418	1.93	0.35	0.37
达州市	30 882	14 055	2.20	20 713	10 188	2.03	0.39	0.41
雅安市	32 198	13 242	2.43	19 659	11 117	1.77	0.34	0.35
资阳市	33 336	16 007	2.08	22 437	12 255	1.83	0.32	0.36

资料来源：各地统计年鉴相关数据计算整理所得。

3 成渝地区产业发展趋势研判

3.1 持续重视产业生态可持续

3.1.1 生态经济协同是长江经济带发展重点

"十四五"时期，我国已转向高质量发展阶段，面对区域发展不平衡不充分、生态环保等发展压力，《中华人民共和国国民经济和社会发展第十四个五年规划和2035年远景目标纲要》提出国土空间开发保护格局得到优化，生产生活方式绿色转型成效显著，生态安全屏障更加牢固，城乡人居环境明显改善的发展目标，特别强调长江经济带发展要"坚持生态优先、绿色发展和共抓大保护、不搞大开发，协同推动生态环境保护和经济发展"，提出长江经济带要"构建绿色产业体系""打造人与自然和谐共生的美丽中国样板"。同时，将成渝地区定位为"高品质生活宜居地"，作为长江经济带重要节点和西部经济发展引擎之一，应当在西部地区生态保护和推动长江经济带绿色发展中发挥示范作用。此外，长江经济带广阔的天然林、草地、湿地对涵养水源、保持水土、改善人类生命支持系统及野生动物的生态环境有着任何工程都替代不了的作用[1]，肩负着确保上游来水不降质、实现生态资产保值增值的任务。在水资源方面，长江流域常年平均水资源量9 958亿m³，约占全国的36%，是我国不可替代的战略性饮用水水源地和调水源头，同时其水能资源富集，水力资源技术年可发电量占全国的48%，是我国实施新能源战略的重要基地；在生物资源方面，高等植物14 000余种，高等动物1 300余种，占我国现有物种总数的70%左右[2]，其淡水鱼类与珍稀濒危植物分别占全国总量的33%和39.7%[3]；在湿地资源方面，长江经济带湿地面积占全国总

---

① 方一平，朱冉. 推进长江经济带上游地区高质量发展的战略思考[J]. 中国科学院院刊，2020，35（8）：988-999.

② 陈洪波. 协同推进长江经济带生态优先与绿色发展——基于生物多样性视角[J]. 中国特色社会主义研究，2020（3）：79-87.

③ 马建华. 对表对标 理清思路 做好工作 为推动长江经济带高质量发展提供坚实的水利支撑与保障[J]. 长江技术经济，2021，5（2）：1-11.

量的21.53%[①]，森林覆盖率达40%以上[②]。表3-1为长江经济带各省（市）生态资源的基本状况。

表3-1　长江经济带各省（市）生态资源状况

省份	林地面积 （万hm²）	湿地面积 （万hm²）	草地面积 （万hm²）	森林覆盖率 （%）	国家级自然保护区面积 （万hm²）
上海	8.18	7.27	1.32	14.0	6.50
江苏	78.70	41.64	9.36	15.2	30.20
浙江	609.36	16.52	6.35	59.4	14.80
安徽	409.15	4.77	4.79	28.7	14.40
江西	1 041.37	2.87	8.87	61.2	26.10
湖北	928.01	6.12	8.94	39.6	54.60
湖南	1 271.71	23.61	14.05	49.7	60.60
重庆	468.90	1.50	2.36	43.1	25.50
四川	2 541.96	123.08	968.78	38.0	304.90
云南	2 496.90	3.98	132.29	55.0	152.20
贵州	1 121.01	0.71	18.83	43.8	29.00
全国	28 412.59	2 346.93	26 453.01	23.0	9 821.30

资料来源：《2021长江经济带统计年鉴》。

优越的生态资源底本和国家战略规划要求造就了长江经济带生态保护在全国生态安全屏障建设中的重要地位，其生态安全发展格局的变动会对我国生态安全稳定性产生影响，构建较为稳定可靠的生态屏障，也是推动长江经济带区域高质量协同发展的关键。但长江经济带在历史背景下所形成的资源消耗型沿江工业产业格局，使其以21%的土地承载了全国30%的石化产业、40%的水泥产业，土壤污染、水体污染、大气污染、水土流失、湿地萎缩等资源环境问题成为现阶段生态安全屏障打造的主要约束因素[③]。2017年，长江经济带二氧化硫、氮氧化物、烟尘粉尘的排放量分别为321.96万t、441.01万t、227.49万t，分别占全国排放量

---

① 资料来源：根据《2022中国统计年鉴》中数据计算所得。

② 长三角与长江经济带研究中心. 长江经济带生态发展报告（2019—2020）[EB/OL]. https://cyrdebr.sass.org.cn/2020/1223/c5775a100923/page.htm.

③ 虞孝感，王磊，杨清可，等. 长江经济带战略的背景及创新发展的地理学解读[J]. 地理科学进展，2015，34（11）：1368-1376.

的36.78%、35.03%、28.57%[1]。因此，在资源压力下，长江经济带在空间范围内的产业格局亟须向生态化、绿色化转型。农业产业作为长江经济带的重要产业、基础产业和国计民生产业，截至2018年，用全国1/3的耕地养育着超全国2/5的人口，农作物总播种面积占全国的40%左右、棉花播种面积占全国的23%左右、油料播种面积占全国的54%左右、粮食总产量占全国的36%以上、棉花总产量占全国的17%左右、油料总产量占全国的46%左右[2]。农业绿色转型对长江经济带整体的绿色高质量发展起着至关重要的作用，但此过程中仍然面临土地、水源、农资等资源污染、浪费等困境，农业用水效率在2016年降低至0.71，低于黄河流域和西南地区水平[3]，农用化肥、农药使用量过大导致利用率较低，只达到了30%~35%[4]。表3-2为长江经济带2019年各省（市）相关污染物数值情况。

表3-2　2019年长江经济带各省（市）6项污染物年均值状况

地区	SO_2（μg/m³）	NO_2（μg/m³）	PM_{10}（μg/m³）	$PM_{2.5}$（μg/m³）	CO（μg/m³）	O_3（μg/m³）	降水pH值平均值
上海	7.2	42.0	45.0	35.0	0.66	151	5.34
江苏	9.0	34.0	70.0	43.0	1.20	173	5.49
浙江	7.0	31.0	53.0	31.0	1.00	154	5.13
安徽	10.0	31.0	72.0	46.0	1.20	165	5.79
江西	13.0	24.0	24.0	35.0	1.40	151	5.12
湖北	9.0	26.0	70.0	42.0	1.40	158	6.81
湖南	9.0	25.0	61.0	41.0	1.40	148	5.03
重庆	7.0	40.0	60.0	38.0	1.20	157	5.82
四川	9.4	27.8	52.9	34.4	1.10	134	5.97
云南	9.0	16.0	38.0	22.0	1.00	127	6.34
贵州	10.0	18.0	38.0	24.0	1.00	118	6.40~7.89
全国	11.0	27.0	63.0	36.0	1.40	148	4.22~8.56

资料来源：《长江经济带发展报告（2019—2020）》。

---

① 长三角与长江经济带研究中心.长江经济带生态发展报告（2019—2020）[EB/OL]. https://cyrdebr.sass.org.cn/2020/1223/c5775a100923/page.htm.

② 国家统计局.2019中国统计年鉴[M].北京：中国统计出版社，2019.

③ 韩颖，张珊.中国省际农业用水效率影响因素分析——基于静态与动态空间面板模型[J].生态经济，2020，36（3）：124-131.

④ 黄国勤.论长江经济带农业绿色发展[J].中国农学通报，2021，37（30）：154-164.

成渝地区作为长江经济带上游的重要区域，面对新时代生态文明建设的要求和长江经济带产业体系绿色生态转化的需求，亟须将绿色生态建设放在产业结构协同优化升级过程中的核心位置。针对农业产业体系，应重点考虑产业内部生态资源向生态资本的转化，要在生态红线多、地块破碎、功能复杂的地形地貌条件水平下，通过发展山地高质农业、绿色生态农业、都市现代农业等现代农业新业态，将生态资源本底转化为生态资本优势，为构建长江经济带上游生态屏障贡献力量。

3.1.2　方式绿色化是现代产业体系建设要求

产业是区域经济建设的核心和城乡发展的基础，构建现代产业体系是破解我国经济增长依赖资源能源消耗、生态环境污染严重、城乡发展不平衡等问题的重要手段。把握产业发展规律、顺应国际国内产业发展新趋势的现实需要，以推动产业结构优化升级，赢取未来国际竞争中的主动权。现代产业体系具有动态性、先进性、人本性和可持续性四大特征，其中可持续性是构建现代产业体系需要重点关注的内容，强调产业发展与自然环境的可持续发展相包容、与社会经济的稳定性相包容，高质量、高效能和低能耗、低污染是现代产业体系持续发展的重要标志。近年来，我国经济发展和区域经济发展都十分重视产业发展方式绿色化转型，《中华人民共和国国民经济和社会发展第十四个五年规划和2035年远景目标纲要》中提出要坚持生态优先、绿色发展，全面提高资源利用效率，构建资源循环利用体系，大力发展绿色经济，构建绿色发展政策体系，协同推进经济高质量发展和生态环境高水平保护，加快发展方式的绿色转型。2020年，我国提出"2030年前实现碳达峰，2060年前实现碳中和"的"双碳"目标，但我国目前工业能源消耗占国家标准煤总消耗量的2/3，钢铁、建材、石化等高能耗行业用70%的能源消耗仅有30%的经济产出，因此，加快构建绿色可持续的现代产业体系，是实现我国"双碳"目标的关键。农业产业是现代产业体系构成中的重要一环，《"十四五"推进农业农村现代化规划》提出了"促进农业农村可持续发展"的战略导向，表示应积极推进农业绿色发展，加强农村生态文明建设，推动农业农村走上资源节约、环境友好的可持续发展道路。

成渝地区作为我国西部人口最密集、产业基础最雄厚、资源要素最聚集、市场开发程度最高的区域，在我国产业发展格局中具有特殊且重要的地位。《纲要》强调深入践行绿水青山就是金山银山理念，坚持山水林田湖草是一个生命共同体，通过"构建绿色产业体系、倡导绿色生活方式、开展绿色发展试验示范"，探索绿色转型发展新路径。提出推动农业高质量发展，打造区域特色产业生产集群，以发展都市农业为抓手，高质量建设成渝都市现代高效特色农业示范区。同时，出台《成渝现代高效特色农业带建设规划》，提出推进产业结构并调整布局，建设人与自然和谐共生的绿色发展示范带，探索农业绿色发展新路径。2022年出台的《共建成渝地区双城经济圈2022年重大项目名单》中，从制造业、数字经济（产业）、现代服务业、现代高效特色农业四个方面，出台72项重点项目，总投资金额达到5 402亿元，其中包括重庆市万州区生态循环农业产业集群发展项目、成都市彭州市新绿色现代中药高科技产业化基地、明月山绿色装配式建筑产业基地、中国（普光）微玻纤新材料产业项目等产业绿色低碳转型发展项目。在全球新一轮科技革命和产业链重塑大背景下，成渝地区需要顺应产业链价值链配置规律，紧扣"推动制造业高质量发展、大力发展数字经济、培育发展现代服务业、建设现代高效特色农业带"四大重点任务，紧抓产业绿色低碳转型的发展机遇，在区域内部构筑"低碳产业圈+绿色经济圈"，实现区域产业新旧动能有效转换，打造绿色可持续的现代产业体系的成渝样板。

专栏3-1　环长株潭城市群循环经济试点示范发展情况

环长株潭城市群是以长沙、株洲、湘潭3市为中心，以1.5h通勤为半径，涵盖衡阳、岳阳、常德、益阳、娄底5个省辖市在内的城市聚集区，是实施促进中部地区崛起战略、全方位深化改革开放和推进新型城镇化的重点区域，在我国区域发展格局中占有重要地位。在湖南省政协十届三次会议上，3市政协主席联名提交了《关于建设长株潭循环经济示范城市群的建议》的提案，提案建议全面构建长株潭循环经济发展体系，将长株潭建设成为全国循环经济示范城市群。湖南省政府制定了《湖南省长株潭城市群区域规划条例》《长株潭城市群资源节约型和环境友好型社会建设综合配套改革试验总体方案》等，环长株潭城市群循环经济的快速发展，得益于长株潭城市群"两型社会"建设综合配套改革试验，更得益于国家级及省级循环经济试点单位的先行探索和示范带动。

环长株潭城市群形成独具特色的循环经济模式，在长株潭城郊区、环洞庭湖区、湘西南丘岗区等不同农区农情开展农业循环经济试点，重点支持湘潭湘江湾循环经济试验区开展社会层面循环经济试点工作。通过整合创新资源，构建创新体系平台，建立国家重点实验室、国家工程技术中心等高层次科研平台，集中力量研究开发一批对循环经济发展有重大影响的关键技术，促进高能效、低碳排放的技术研发和推广应用。重点提高企业的研发能力，大力发展循环经济技术，积极开发资源节约型、环境友好型新技术、新工艺，扶持一批具有自主知识产权的企业，提升企业核心竞争力。加大循环经济科技及产业人才的培养和引进力度。加大科研投入，形成"产学研"联合发展，以科技进步与信息化带动产业结构升级，加速推进绿色创新技术转化为现实生产力。

3.2 充分强调产品高质量供应

3.2.1 国际发展局势需要粮食稳产保供

2020年以来，新冠疫情、俄乌冲突、极端天气等特殊事件及国际形势持续深化，导致全球粮食、能源等大宗商品市场大幅波动，我国社会经济发展面临更为复杂的国际环境，2021年中央经济工作会议强调要正确认识和把握初级产品的保障供应，2022年7月28日中共中央政治局会议提出要高度重视能源和粮食安全供应问题，以更好引导应对国际形势变动造成的国内能源、粮食等物资商品供应波动。粮食作为人类赖以生存的根本，全球粮食供需相对宽松，但在疫情、战争、灾害等因素的影响下，整体情况也存在较大波动的可能。就我国而言，我国小麦和稻谷产大于需，而玉米和大豆产不足需，随着城乡居民消费结构的不断升级，玉米、大豆的产需缺口将持续扩大，进口持续增加，在新冠疫情、俄乌冲突、恶劣天气等的影响下，部分国家采取限制出口或加大进口的粮食保障措施，导致全球粮价大幅度上升，粮食进口的不确定性增加，需要以国内稳产保供的确定性应对外部环境的不确定性。《"十四五"推进农业农村现代化规划》中提出"立足国内基本解决我国人民吃饭问题"的战略导向，强调要把保障粮食等重要农产品供给安全作为头等大事，《中华人民共和国国民经济和社会发展第十四个五年规划和2035年远景目标纲要》中将粮食安全提升到了国家安全层面，强调实施粮食安全战略，"完善重要农产品供给保障体系和粮食产购储加销体系，确保口粮绝对安全、谷物基本自给、重要农副产品供应充足"，凸显出粮食稳产保供在我国社会经济发展中的"压舱石"作用，对我国粮食稳产保供提出了更高的要求。

成渝地区作为我国粮食主产区之一，柠檬、猕猴桃、茶叶部分区域特色农产品在全国市场中占有重要地位，但其口粮消费以湖北、东北等外地米为主，本地稻谷占比极低。面对愈发复杂的国际形势，肩负起我国战略大后方的重要粮食保供功能，需要加快完善区域粮食生产布局、产品加工、供应体系等粮食稳产保供的关键环节。《成渝现代高效特色农业带建设规划》中提出"全国现代农业高质量发展示范区"的发展定位，布局生猪、蔬菜、中药材、柑橘、渔业等生产集群，完善农产品交易流通的加工基地、物流基地、开发合作平台，增强基本粮食和"菜篮子"产品的有效供给能力，强化优质绿色和特色农产品的供给，为成渝地区粮食稳产保供功能发挥指引了方向。此外，2021年12月召开的成渝地区双城经济圈粮食安全保障学术研讨会强调要高起点打造"巴蜀粮廊"，不断拓展成渝粮食产销合作新机制，创建内陆粮食产业链开放新高地，凸显成渝地区在粮食稳产保供功能方面的重要地位。

3.2.2　新型城市建设需要提升供应韧性

城市人口规模的庞大、社会资源的快速流动、居住空间的极高密度，为城市整个系统的稳定运转带来了较大挑战。《中华人民共和国国民经济和社会发展第十四个五年规划和2035年远景目标纲要》提出"要顺应城市发展新理念新趋势，试点建设宜居、创新、智慧、绿色、人文、韧性城市"，如何在重大突发风险或事件的冲击下，通过增强城市韧性以保障城市核心功能运转和基本民生，是未来新型城市建设需要重点考虑的内容，主要体现在安全生产、医疗卫生、生态环境、食品药品安全等多个方面，其中应急体系的构建更为重要，能为城市灾后的快速恢复提供有力的支持和保障。如2022年上海疫情的突然大规模暴发，浦东浦西相继进入封控管理阶段，就食物供应方面，在城市周边高速公路封闭及快递物流、商超餐厅等关闭的疫情防控背景下，上海市城市食物供应链受到了巨大影响而只能发挥小部分职能，在疫情初期相关应急体系缺失的情况下，一度出现部分区域市民基本粮食短缺的困境。为避免此问题的发生，日本神户市提出"家庭—社区—城市"的"三个三"储备计划，即每个家庭储备三天的生活必需食物；社区能提供维持全社区生活的三天基本生活物资；每个城市拥有一个实际避灾中心，保障供给全体市民生存三天所需的物品，构建了相对完整的灾害紧急应对措施。

成渝地区作为我国西部区域经济发展"领头羊"，在长期经济发展过程中形成了以成都市和重庆市两地为经济极核的发展模式。从人口聚集方面来看，除成都市和重庆市的常住人口城镇化率在2019年达到74.41%和66.80%，进入城乡人口流动平稳期外，自贡市、泸州市、德阳市等城市的常住人口城镇化率处于44%～55%的水平，逐渐进入城乡人口流动的加速期（图3-1）。由此可见，在成渝整体区域层面上，各区（市、县）人口仍从乡村区域向城市区域聚集，成渝城市区域的人口数量在未来仍会处于增长的阶段，人口的快速聚集也对成渝地区的城市韧性提出新要求，特别是对区域生产生活所需的基础产品供应韧性。一方面，农产品作为人们生产生活的基础保障性产品，人口在城乡之间流动的同时，通常也伴随着农业产业要素向非农产业要素的转移流动，城市人口对农产品需求的增加和整体经济产业结构的变化，都对农产品的供应质量提出了更高的要求，未来构建的城市农产品供给体系既保障产品数量供应，也要保障产品质量供应。另一方面，城市人口的聚集使得医疗、教育、娱乐等公共服务产品需求增加，此类生产生活基础产品的使用会增加相应的城市空间需求，进而推动城市产业空间布局的转变。公共服务类空间需求的增加对农产品、食品加工等产销行为不在同一空间的基础产品的生产空间产生"挤占"作用，增加了农产品供应的压力，需要构建高质量的产品供应体系来缓解。为此，成渝地区需要优化完善针对民生生活保障必需品特别是粮食、蔬菜等食物的有效供应应对措施，进而增强区域内部城市发展应对突发事件和灾害的韧性，建设更加稳定、持续、宜居的新型城市。

图3-1　2019年成渝地区常住人口城镇化率情况[①]

3.2.3　生活方式转变要求保障供应质量

城市化的发生与社会经济发展有着不可分割的关系，所表现出的特征也随着社会经济发展的不同阶段而有所不同，当经济资源聚集发展到一定程度后会产生外溢效应，进而影响城市之外的农村区域，使得在部分经济发展地区城乡之间的界限逐渐模糊，城乡之间的经济差缩小，城市化也不再只是人口等要素资源在城市中的聚集，而更多地表现为居民生活和生产方式向现代化、都市化方式的转变，即乡村人口的文化观念转化为城市人口的文化观念，而不一定出现人口空间位置的移动聚集[②③④]，过渡到更加持续、稳定、健康的城市化阶段，此阶段的城乡居民生活方式将会发生转变，会对生产生活过程中所需的基本产品供应质量提

①　资料来源：四川省统计年鉴（2020年）和《2019年重庆市国民经济和社会发展统计公报》。

②　孟德拉斯.农民的终结[M].李培林，译.北京：中国社会科学出版社，1991.

③　张鸿雁.农村人口都市化与社会结构变迁新论——孟德拉斯《农民的终结》带来的思考[J].民族研究，2002（1）：26-34.

④　郭正林，周大鸣，王金洪.广东省万丰村的社会发展——中国乡村都市化的一个案例分析[J].社会学研究，1996（4）：75-81.

出新的要求。

根据马斯洛需求层次理论，将人类的需求大致分为5级，从层次结构的底部向上分别为生理（食物和衣服）、安全（工作保障）、社交需要（友谊）、尊重和自我实现，大部分人类的需求都遵循这5个层级。该理论也指出低级需求直接关系到个人生存，而高级需求更多的是满足人类健康、长寿、精力旺盛等非必需的需求，需要良好的社会条件、经济条件、政治条件等外部环境作支撑[①]。就成渝地区而言，虽然成都市和重庆市两地的资源要素聚集效应依旧强劲，但是在区域社会经济发展增速情况下，周边区域城乡生产、生活差异界限在逐渐模糊，城市化水平正处于要素聚集向生活生产方式转变过渡的阶段，虽不可否认仍有小部分群体的需求以生理需求为主，但从整体上看，居民已经开始追求高层次的消费需求了，相应群体的生活生产方式也开始向保障健康、高效、有趣等文化精神层面发展，且科学技术的进步也让此转变成为可能。在此阶段，无论居住在城市还是农村中的居民，都在基本保障生理需求的基础上，依托信息化、数字化等新技术，开始通过转变生活生产方式来追求高级别的生理与心理需求，也让社会基础产品的生产供应形式发生了改变，如现代社会中人民更加追求便捷的生活方式，进而在技术支撑下产生了自主支付、网上购物等商品供给方式；在新冠疫情之后，人民更加偏好于健康、生态的生活方式，由此产生了对食物新鲜程度的关注，进而需要更加快速、精准的食物供应途径。因此，成渝地区需要对城乡生活生产所需的基本产品供应渠道进行转化升级，也需要根据居民高层级的需求调整供应结构，实现产品供应能力的提升，以更好地满足城乡居民在城市化发展过程中的产品需求。

专栏3-2   京津冀城市群协同发展的供应链创新与应用情况

京津冀城市群是中国的政治、文化中心，由首都经济圈发展而来，包括北京、天津两大直辖市，河北省张家口、承德、秦皇岛、唐山、沧州、衡水、廊坊、保定、石家庄、邢台、邯郸等11个地级市和定州、辛集2个省直管市以及河南省的安阳市。2015年，中央政治局会议审议通过的《京津冀协同发展规划纲领》明确提出，推动京津冀协同发展，在交通一体化、生态环境保护、产业升级转移等重点领域率先取得突破。推动京津冀农产品智慧供应链一体化，有助于提高京津冀农产品供应链效率，降低农产品供应链流通成本，

---

① 彭聃龄. 普通心理学[M]. 北京：北京师范大学出版社，2019：336-338.

保障京津冀农产品的质量安全，对于提高京津冀地区综合竞争力、提升人民生活水平具有十分重要的意义。

京津冀交通一体化和智慧物流为京津冀协同发展打下了坚实的基础。通过物流服务模式创新和新技术的推广，建立智慧物流平台，形成规模化、专业化、可视化、智能化的物流服务体系，建立信息化和新技术手段实现流通环节的安全库存模式，提升供应商库存管理的物流反应速度。京津冀城市群积极推进智能制造与绿色供应链融合发展。在政府的统筹规划下，推动智能制造工业体系建设，加大对环保产业的投入，建立有效的激励机制，宣传引导企业实施绿色供应链。通过供应链的分工协作建设整合、协同、共享、创新的商业新生态，新技术的发展使得供应链边界逐渐产生去中心化的趋势，呈现"供应链+"的融合发展。打造"供应链+互联网"的商业生态圈，发挥流通促进消费功能，实现物流、商流、信息流、资金流的全面协同、共享共赢。

3.3 加快探索多元产业场景打造

3.3.1 全面促进消费需要消费场景载体

我国是一个二元经济结构特征十分显著的发展中国家，在国际金融市场动荡、国际交往受限、经济全球化遭遇逆流等不利因素的影响下，对我国内部城乡市场消费提出了更高要求，2020年5月，中共中央政治局常务委员会会议首次提出，要深化供给侧结构性改革，充分发挥我国超大规模市场优势和内需潜力，构建国内国际双循环相互促进的新发展格局，这是对充分发挥国内市场潜力的要求，也是对区域城乡消费升级转型的重要指引。《中华人民共和国国民经济和社会发展第十四个五年规划和2035年远景目标纲要》提出深入实施扩大内需战略，顺应居民消费升级趋势，把扩大消费同改善人民生活品质结合起来，促进消费向绿色、健康、安全发展，增强消费对经济发展的基础性作用，建设消费需求旺盛的强大国内市场。具体而言，一方面要提升汽车、家电、住房等传统消费，另一方面要发展信息、数字、绿色消费，培育发展定制、体验、智能、时尚等消费新业态。改革开放以来，我国经济发展快速推进，社会主要矛盾已经转化为人民日益增长的美好生活需要和不平衡不充分的发展之间的矛盾，人民生活条件的日益改善，推动消费转型升级，消费者对商品的需求随着收入的变动而变化。面对国内消费战略的发展要求，需要围绕消费需求、方式、理念构建升级多元化的消费场景载体，以支撑城乡居民消费行为的发生并满足相应的消费需求，而成渝地区双城经济圈作为我国西部经济"第四极",无疑需要在其中贡献力量。

在"国内大循环为主体、国内国际双循环相互促进"的新发展格局背景下,相对薄弱的农村消费已经成为全面促进消费的短板,需要进一步激发农村消费市场的活力。2021年中央一号文件对此提出"满足农村居民消费升级需要,吸引城市居民下乡消费"的全面促进农村消费的主要目的。《中华人民共和国国民经济和社会发展第十四个五年规划和2035年远景目标纲要》提出以一二三产业融合发展,打造各具特色的现代乡村富民产业。《"十四五"推进农业农村现代化规划》提出激发农村消费潜力,带动农村多种功能、乡村多元价值的新消费需求,将为推进农业农村现代化拓展广阔空间。成渝地区作为西部地区农业集中连片规模最大的区域之一,2020年第一产业增加值占地区生产总值的比重达到了9.10%(2020年全国平均水平为16.47%),农村产业是推动区域农村消费升级的基础,在未来发展过程中,需要围绕成渝地区农村消费需求,打造多元化、特色化、融合化的农村产业消费场景。

3.3.2　高品质城市群需要优质消费场景

改革开放以来,我国经历了最大规模、最快速度的城镇化发展进程,在创造城市建设发展"奇迹"的同时,也造成了资源环境破坏、宜居质量不高、文化传承不足、城市安全韧性不强等问题。随着国内外环境和条件的深刻变化,我国城镇化建设必须进入以质量为主的转型发展新阶段。早在2014年,《国家新型城镇化规划(2014—2020年)》在空间布局、人口转移、服务供给、产业结构等方面就突出了"以人为本"的城镇化原则。《中华人民共和国国民经济和社会发展第十四个五年规划和2035年远景目标纲要》中强调,坚持走中国特色新型城镇化道路,深入推进以人为核心的新型城镇化战略,以城市群、都市圈为依托促进大中小城市和小城镇协调联动、特色化发展,使更多人民群众享有更高品质的城市生活。由此可见,以人为本的高品质城市群建设是我国未来新型城镇化的重要路径。城市群作为城市空间聚集的高级阶段,通常由多个城市区域聚集形成,人口、经济、资源等要素聚集程度高且流动性强,如何将资源聚集流动优势进行合理利用以满足"以人为本"的城市发展要求,需要系统规划布局城乡空间。产业作为城乡经济发展的重要支撑,产业空间成为城乡空间的重要组成部分,产品消费作为产业链后端的重要环节,优质消费场景的打造是"以人为本"的产业空间布局关键。

优质的产业消费场景无论是提供的消费功能,还是可以采取的消费方式,都以满足人民日益增长的美好生活需要为根本原则。在功能提供方面,随着人民生活水平日益提高，收入不断增加，消费者对商品的功能需求发生改变，不仅存在对产品本身使用价值的需求，也产生了对产品使用之外所能带来的体验需求。以休闲农业为例，市场对农产品的消费逐渐向农村生活体验功能延伸，且随着人们生活质量和思想水平的转变提升，推动着农业农村消费场景向经济、生态、文化、教育等复合型功能拓展，衍生出农村博物馆、特色乡村民宿、水果采摘体验、农耕文明教育、亲子体验农场等多种功能形式的农业农村消费场景。除了农业农村消费场景，服务类消费场景也不断在增强消费者购买商品之外的感受与体验，如快闪店、体验店等。在消费体验方式方面，人类社会高新技术的飞速发展逐渐改变了人们的生产生活意识、观念和方式，信息技术在工业、服务等其他产业消费场景中的深化应用，也将不断引导、改变社会的传统商品消费方式，由单一商场购物发展成线下购物、电视购物、网上购物等多种消费方式，尤其是在信息和通信技术快速发展的近几年，改变了消费活动的时间和空间限制，延伸了消费资源的要素边界，推动着社会消费方式的快速转变，网络零售成为主流消费方式之一，在社会消费总额中的占比逐年提升。2019年，全国网络零售突破10万亿元，同比增长20.6%，占社会消费总额的25.3%[①]（图3-2）。《成渝地区双城经济圈建设规划纲要》中将成渝地区双城经济圈战略定位为"高品质生活宜居地"，强调要"大幅改善城乡人居环境，打造世界级休闲旅游胜地和城乡融合发展样板区，建设包容和谐、美丽宜居、充满美丽的高品质城市群"，也需要围绕消费功能、消费方式等方面打造布局优质消费场景。

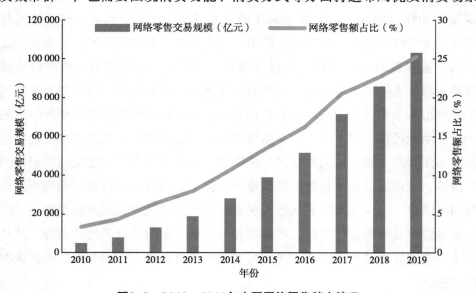

图3-2　2010—2019年中国网络零售基本情况

① 资料来源：http://baijiahao. baidu. com/s?id=1687299830743717100&wfr=spider&for=pc.

3.3.3 经济中心打造需要多元消费业态

《成渝地区双城经济圈建设规划纲要》将成渝地区双城经济圈定位为在全国具有影响力的重要经济中心，在培育竞争优势突出的现代产业体系的同时，打造富有巴蜀特色的多元消费业态，围绕高品质消费空间营造、多元融合消费业态构建和安全优惠消费环境塑造等重点内容，推动形成国际消费目的地。国际消费目的地所对标的消费群体不仅是国内消费者，更重要的是满足国际消费者购物、体验、娱乐等消费需求，此目的的达成需要多元化、高质量的消费场景和业态作为支撑，融合文化科普、生态康养、休闲旅游、文化交流等消费功能，为不同消费群体提供多元化、个性化、品质化的消费产品，满足不同消费群体的多层次、多样化消费需求。而且，在经济快速发展时期中成长起来的80后、90后等年轻群体逐渐成为消费市场中的主要群体，受见识、学历、人生经历、生活条件等因素的影响，其消费目的更偏向于享受生活与追求更高的生活品质，消费的产品及整个消费行为，既能具有一定的实用性、便捷性，也能在一定程度上反映自身个性并能实现分享，在此消费理念下也增强了对网红打卡点等多类型的消费场景需求。同时，在2020年新冠疫情之后，消费者更加偏向于健康、环保的产品，约2/3的消费者对具有保护健康、预防疾病功能的食品更感兴趣，超过1/2的消费者会通过健康的食物来调节情绪[1]，具有划时代的突发性事件的发生推动着社会消费理念的转变，消费者更加希望在消费过程中能保障内在身心与外在环境的健康、安全。此外，"碳中和""碳达峰"目标的提出也进一步强化了消费者绿色消费理念。为此，成渝地区各类城乡消费场景需要根据市场消费理念的变化趋势及以国际消费目的地为核心的全国经济中心定位，对产业消费场景和业态进行改造升级，以便更好地符合新时代背景下国内国际消费群体的消费需求。

专栏3-3 长三角城市群数字文化消费场景情况

长三角城市群位于长江入海之前的冲积平原，包括上海，江苏省的南京、无锡、常州、苏州、南通、盐城、扬州、镇江、泰州，浙江省的杭州、宁波、嘉兴、湖州、绍兴、金华、舟山、台州，安徽省的合肥、芜湖、马鞍山、铜陵、安庆、滁州、池州、宣城26市，是"一带一路"与长江经济带的重要交汇地带，在中国国家现代化建设大局和开放格局中具有举足轻重的战略地位。在工业化、城市化叠加信息化、数字化、智能化深度发展背景下，

---

① 贝利优. 新冠肺炎疫情下，消费者更加青睐健康、环保的产品[J]. 食品安全导刊，2020（34）：40.

基于文化新业态的新型文化消费，即数字文化消费数量增长和规模呈不断扩大趋势，对长三角城市群文化创意产业发展提质增效、促进消费升级有积极的带动作用。

长三角城市群文化消费呈现"既快又稳"发展态势。2020年，打造长三角数字出版协同创新平台，并成立长三角数字出版创新发展联盟，联盟将在上海建设长三角数字出版协同创新中心，打造一个以上海为中心，长三角地区为支撑，辐射全国，影响亚太地区的数字出版新高地，引领区域出版产业体系和协同创新体系。积极构建创新型产业生态，在全国及全球范围内选择建立具有独特单向能力优势的特色基地。通过出资设立创新投资基金，用于支持中小型数字内容创业企业和联盟的数字内容建设，包括数字文化内容创作、应用研发与服务、技术服务、虚拟现实、人工智能和智能集成服务等产业项目。

3.4 重点提升产业市场竞争力

3.4.1 新发展格局要求产业体系转型升级

面对全球经济的不确定性和不稳定性明显增强的现实，习近平总书记在2020年4月10日的中央财经委员会第七次会议中首次提出"构建以国内大循环为主体、国内国际双循环相互促进的新发展格局"，是提升我国经济发展水平的战略选择，也是塑造我国经济竞争优势的战略选择。具体而言，一方面扩大内循环是该战略的基本基点，《中华人民共和国国民经济和社会发展第十四个五年规划和2035年远景目标纲要》中强调"把扩大内需战略同深化供给侧结构性改革有机结合起来"，表明内需的扩大不仅是内部消费水平的提升，更需要构建适应需求变动和消费格局的生产格局，以供给侧结构性改革保障对内部消费需求的满足。另一方面需要国内国际循环的相互促进，《中华人民共和国国民经济和社会发展第十四个五年规划和2035年远景目标纲要》中强调"促进内需与外需、进口与出口、引进外资和对外投资协调发展"，在我国经济已经深度融入全球经济的基础上，部分行业既高度依赖进口，也高度依赖出口，国内国际两大循环已呈现出不可分割的状态，需要通过做大国内消费市场，进而增强对国际循环资源的吸引力，这也要求对我国自身的产业体系进行改造升级。

成渝地区作为连接东西、沟通南北的重要战略区域，地区创新能力显著增强、常住人口规模持续上升、内需市场潜力不断释放。2021年，成都市常住人口

2 119.2万人，重庆市常住人口3 212.43万人，两大城市GDP总量约5万亿元[①]，是我国新发展格局建设过程中实施扩大内需战略的重点区域，《成渝地区双城经济圈建设规划纲要》中也强调成渝地区双城经济圈的建设是新发展格局中的一项重大举措。由此可见，如何扩大区域内需，打造我国西部重要增长极和动力源，是成渝地区建设的重点，需要以满足内需的产业体系作为基本支撑，对成渝地区产业体系进行供给端的结构性调整。

3.4.2 国际贸易增速放缓需要增强产业国际竞争力

自1978年改革开放以来，我国逐渐融入世界自由贸易体系，在全球经济一体化发展背景下，我国与海外国家的贸易往来越发频繁，国际贸易发展情况对我国产业经济发展的影响也逐渐深化，在获得新发展机遇的同时，也承受着其他国家行业发展的竞争压力，而国际贸易经济的波动也会增加我国产业的国际竞争压力。根据联合国贸易和发展会议上发布的《全球贸易更新》报告显示，2021年全球贸易总额比2020年增长25%，比2019年增长13%，其中服务贸易在第四季的增长基本已恢复到了新冠疫情之前，但也指出2022年全球贸易增长势头也将放缓，货物贸易和服务贸易可能仅实现微幅增长。就我国而言，2022年第一季度对外贸易增速放缓，3月出口额同比增速放缓至12.9%，低于1—2月的13.6%，第一季度货物贸易进出口总值9.42万亿元，同比增长放缓至10.7%，主要原因来自全球经济复苏不均衡导致外部需求的不确定性增加，如何在此情况下，保障我国对外贸易的稳定增长，需要增强以产业竞争力提升为核心的经济韧性。

《成渝地区双城经济圈建设规划纲要》强调要在成渝地区"形成'一带一路'、长江经济带、西部陆海新通道联动发展的战略性枢纽，成为区域合作和对外开放典范"，也提出要"促进产业、人口及各类生产要素合理流动和高效集聚，加快形成改革开放新动力，加快塑造创新发展新优势，加快构建与沿海地区协作互动新局面，加快拓展参与国际合作新空间"，为成渝地区发展对外国际贸易指明了方向。然而，成渝地区因自然禀赋、文化历史、社会人文、销售渠道等方面的相似性，两地产业基础都较为类似，发展重点也较为相似，且两地长期存在的竞争关系，使得更加偏向于发展类似产业，导致产业体系发展雷同，出口产品相似度达到了0.95，相互间产业错位发展远不及长三角等城市圈[②]。以农业为例，柠檬产业是成渝两地在国际市场上具有一定影响力的农产品之一，2020

---

① 资料来源：成都市统计局、重庆市统计局。

② 何建斌. 成渝地区一体化的突出问题和政策建议[EB/OL]. https://www.thepaper.cn/newsDetail_forward_12655054.

年1—4月四川省安岳县实现柠檬对外贸易量5万t、销售额3亿元以上，与重庆市潼南区、大足区等地合作共建中国柠檬"金三角"，但是在发展过程中存在内部竞争大于合作的情况，出现发展思路、发展政策、发展定位的相似，区域之间建设项目等内容重复。潼南区、安岳区均提出建设"中国柠檬之都"的发展愿景，规划中均将种苗繁育、精深加工、交易中心、柠檬节庆、柠檬小镇等列为主要项目，造成产业生产要素浪费的同时也加剧了区域内部竞争，削弱了柠檬产业"一致对外"的特色竞争力。此外，生猪、茶叶、柑橘、猕猴桃、蔬菜等其他农业产业更是难以避免内部竞争大于合作的情况，未达成协同发展、携手共进的发展格局，无法在国内外市场中形成具备一定市场影响力的具有区域特色的差异化特征，导致国内外市场的竞争力、影响力也难以提升。未来，如何把握成渝地区对外开放格局建设优势，通过协同发展增强与区域以外类似产业的差异性，避免不必要的内部竞争以防止产生内部损耗，增强成渝产业体系在国内国外两大市场中的竞争力，是成渝地区经济发展和国际影响力提升的关键。

专栏3-4　粤港澳大湾区产业高质量发展经验做法

粤港澳大湾区包括香港、澳门和珠三角9市，是我国开放程度最高、经济活力最强的区域之一，是我国面积最小的城市群，占地面积只有5.6万 km^2，但常住人口达到7 000万人，GDP已超过10万亿元，处于工业经济向服务经济过渡阶段，2020年第三产业占比达到了66%，香港、澳门两地占比达到90%左右，广州、深圳两地也达到了60%~70%。《粤港澳大湾区发展规划纲要》将粤港澳大湾区定位为世界级城市群，近些年其经济发展虽取得了巨大经济成就，但与世界其他三大湾区之间仍然存在明显差距，如何推动经济高质量发展，建设现代化经济体系，更好融入全球市场体系是粤港澳大湾区经济发展的核心，产业作为经济发展的重要载体，产业体系建设无疑成为粤港澳大湾区发展重点。

粤港澳大湾区是新发展格局下国内外循环的重要交汇点，2019年印发的《粤港澳大湾区发展规划纲要》指出"构建具有国际竞争力的现代产业体系"，区域产业同质化、产业基础不平衡、产业合作拓展不充足、要素流动机制不健全等产业体系问题亟待解决，只有区域内部的产业结构得到优化和产业竞争力得到提升，才能为区域经济高质量发展提供物质基础和技术能力，才能推动粤港澳大湾区进一步迈向全球价值链的高端。《粤港澳大湾区发展规划纲要》提出要"支持传统产业改造升级，加快发展先进制造业和现代服务业，瞄准国际先进标准提高产业发展水平，促进产业优势互补、紧密协作、联动发展，培育若干世界级产业集群"，也为其现代产业体系构建指明了方向。由此可见，城市群作为资源、经济、产业等高度聚集的区域，产业体系的打造与产业竞争力的提升是保持其经济活力的核心，也是提高其竞争力的关键。

3.5　深化推动区域产业资源整合

3.5.1　双城经济圈战略实施强调要素整合

《成渝地区双城经济圈建设规划纲要》强调建设成渝地区双城经济圈要引领带动成渝地区统筹发展，要求"打破行政区划对要素流动的不合理限制，推动要素市场一体化"，促进各类生产要素在行政区域之间、城乡之间的合理流动和高效聚集。由此可见，成渝地区双城经济圈建设更强调两地之间的合作而非竞争，如何在市场经济指导下实现成渝地区生产要素的有效整合利用是其未来区域产业发展的关键。此外，成渝地区双城经济圈建设十分重视毗邻地区间的合作协同。《成渝地区双城经济圈建设规划纲要》强调"依托资源禀赋、人员来往、产业联系等方面优势，强化区域中心城市互动和毗邻地区协同"，也对成渝内部区域之间的产业要素流动整合提出新要求。成渝两地部分区（市、县）在地理空间上是相互接壤的关系，各类要素流动整合关系逐渐提升，随着成都市—重庆市高铁的开通，成渝两地人员的交互加快，到2018年底，成渝高铁累计发送旅客已达5 342万人次，日均运输旅客约4.9万人次[1]。成渝两地的毗邻地区在产业经济发展过程中形成了地缘经济优势，产业人才、资金、技术等要素资源流动速度不断提升，资阳市安岳县和重庆市潼南区相互毗邻，产业经济发展关系逐渐增强，调研中发现每年会有大量安岳县人到重庆市流转土地开展柠檬种植，并在中国柠檬"金三角"等政策推动下，构建形成了我国柠檬产业经济优势区。未来，成渝毗邻地区的经济联系越加紧密，行政区域带来的阻隔正在逐渐突破[2]，推动着成渝的经济关系从行政经济向区域经济过渡，行政区与经济区的适度分离更加强调跨区域之间的要素资源整合，无疑需要围绕人才、技术、资金、服务等产业发展要

---

①　刘小差，冯瑜. 统筹成渝双城经济圈产业要素合理流动和高效集聚[EB/OL]. https://www.sohu. com/a/407855696_256721.

②　姚作林，涂建军，牛慧敏，等. 成渝经济区城市群空间结构要素特征分析[J]. 经济地理，2017，37（1）：82-89.

素，营造区域资源要素整合生态。

3.5.2　城乡融合发展需要产业要素流动

由于历史发展原因，我国长期存在城乡二元结构，城乡之间的发展差距一直受到广泛关注，因此提出了"城乡统筹""城乡一体化"再到"城乡融合"的发展战略布局，逐渐认识到农村与城市是具有同等地位的有机整体。城乡融合是以缩小城乡发展差距和居民生活水平差距为根本目标的，重点是要实现人才、资金、土地、技术、基础设施等各类生产要素的自由流动。《中华人民共和国国民经济和社会发展第十四个五年规划和2035年远景目标纲要》中强调要建立健全城乡要素平等交换、双向流动的政策体系，进而促进城市要素向乡村的有效流动，这需要在要素流动政策制定、城乡现代产业体系构建、城乡联动发展体系等方面进一步的改革探索。我国区域之间产业体系的调整通常是支持沿海、沿江等经济相对发达地区通过产业结构优化和产业转移，以扶持中西部经济发展相对缓慢的区域，进而以产业转移为载体实现产业生产要素资源在区域之间的流动利用。不难看出，产业是生产要素利用的关键载体之一，在推动城乡要素融合过程中发挥不可替代的作用。成渝地区作为西部人口最多、要素最聚集、经济最活力的区域，承担着农业农村改革、城乡二元结构、城乡融合发展等多项改革探索任务，四川省成都市西部片区和重庆市西部片区同时被确定为国家城乡融合发展试验区，出台的《国家城乡融合发展试验区改革方案》强调要围绕人口、建设用地、金融、科技等关键生产要素资源，探索打通城乡生产要素双向流动通道，率先建立起城乡融合发展体制机制和政策体系。《成渝地区双城经济圈建设规划纲要》再次强调要以缩小城乡发展差距为目标，推动要素市场化配置，破除体制机制弊端，推动城乡要素高效配置，推动城乡公共资源均衡配置。为此，成渝地区未来产业体系的构建需要考虑推动区域要素资源整合，要将产业要素生态环境打造作为产业体系中的重要一环，根据各区域的资源禀赋、产业基础、经济、社会文化等基本状况，推动不同产业所需的生产资源要素在产业体系优化过程中实现流动、融合和利用，以营造更加优良的要素流动、使用生态来推动区域城乡融合发展。

专栏3-5 滇中城市群城乡要素市场一体化管理机制规划

滇中城市群位于云南省中部，包括昆明市、玉溪市、楚雄州和红河州的49个县（市、区），占地面积达到11.46万km²，常住人口占全省常住人口的46.5%[①]，2020年GDP达到了15 073.95亿元，占全省总数的61.47%[②]。滇中城市群是我国西南地区重要的城市群之一，有着面向南亚、东南亚开放的区位优势，在人口、资金、信息、产业等方面，对周边区域具有较强的扩散效应，是典型的内聚性城市群，有着城市群内部资源富集、产业基础良好、产业集聚性高的发展特征。

2014年印发的《滇中城市经济圈一体化发展总体规划（2014—2020年）》中强调要促进人口有序流动与合理聚集。2020年，云南省印发《滇中城市群发展规划》中提出要统筹推进山坝差异化的城乡融合发展，消除经济和非经济壁垒，到2025年"阻碍要素自由流动的行政壁垒和体制机制障碍基本消除"，围绕人口、技术、土地等产业要素指明了城乡市场一体化的发展路径。在人口流动方面，通过户籍制度改革促进农业转移人口的市民化；在技术流动方面，通过服务平台、人才队伍、机构基地等方面的建设，推动技术市场一体化；在土地流动方面，围绕耕地和建设用地两大土地类型，深化农村土地制度改革，加快建设滇中城市群一体化土地市场，实现城乡土地资源的有序自由流动。此外，昆明市作为滇中城市群的"主中心"，出台的《昆明市国民经济和社会发展第十四个五年规划和二〇三五年远景目标纲要》围绕城乡协调发展要求，提出了"城乡区域发展整体性、协调性、融合性明显增强，基本实现城乡发展现代化"的发展目标，重点围绕资本要素入乡、城乡人才合作交流、城乡基础设施一体化发展、城乡公共服务普惠体系等方面，破除妨碍城乡要素自由流动和平等交换的体制机制壁垒，推动城乡各类产业要素的良性流动。由此可见，城市群发展更加强调区域之间的一体化发展和城乡之间的良性互动，而人口、土地、资金、技术等要素的良性流动是其中的重点，需要通过体制机制的创新完善来破除要素流动的壁垒。

---

① 资料来源：第七次人口普查数据整理所得。
② 资料来源：《云南省统计年鉴》相关数据整理计算所得。

4 成渝地区都市农业发展体系探索

在国内外经济、社会、文化发展背景下，成渝地区现代产业体系构建会向绿色生态、供应高效、场景多元、竞争提升和要素整合5个方向发展。通过对成渝地区三次产业区位商的计算发现，除重庆市和成都市外，成渝地区中的各区（市、县）第一产业的区位商都大于1，农业已经成为成渝地区专业化部门，且自贡市、遂宁市、内江市、乐山市、南充市、眉山市、广安市、雅安市、资阳市的第一产业区位商大于1.5（表4-1），农业是产业体系中具有比较优势的产业，由此可见，农业整体来讲是成渝地区的传统基础性产业，在部分地区仍具有比较优势。因此，农业产业是成渝地区构建现代产业体系的重点，需要结合成渝地区农业资源、空间区位、社会经济等外部因素，根据成渝地区产业发展的整体趋势构建其现代农业发展体系，强化农业产业对区域现代产业体系构建优化的支撑性作用。

表4-1 2019年成渝地区三次产业区位商[①]基本情况

序号	地区	第一产业	第二产业	第三产业
1	重庆市	0.78	1.05	1.00
2	成都市	0.43	0.8	1.23
3	自贡市	1.68	1.05	0.86
4	泸州市	1.24	1.28	0.76
5	德阳市	1.19	1.32	0.74
6	绵阳市	1.26	1.05	0.92
7	遂宁市	1.63	1.19	0.76
8	内江市	1.99	0.89	0.92

---

① 区位商是指一个地区特定部门的产值在地区工业总产值中所占的比重与全国该部门产值在全国工业总产值中所占比重之间的比值，用来判断一个产业是否构成地区专业化部门。

（续表）

序号	地区	第一产业	第二产业	第三产业
9	乐山市	1.54	1.12	0.83
10	南充市	2.06	1.05	0.79
11	眉山市	1.71	1.00	0.89
12	宜宾市	1.26	1.31	0.73
13	广安市	1.94	0.86	0.95
14	达州市	2.00	0.90	0.91
15	雅安市	2.10	0.82	0.96
16	资阳市	2.16	0.80	0.96

资料来源：《2020四川省统计年鉴》和《2020重庆统计年鉴》相关数据计算所得。

《成渝地区双城经济圈建设规划纲要》提出"发展都市农业，高质量打造成渝都市现代高效特色农业示范区"，将成渝地区未来现代农业发展定位为都市农业，强调未来区域农业发展的都市性、高效性和特色性。因此，本章将通过对都市农业概念和发展历程的梳理，对都市农业概念内涵进一步调整完善，深入分析我国未来都市农业发展趋势，并结合相关成渝产业发展基础及趋势的分析，围绕成渝地区资源禀赋、社会经济、文化传承、政策规定等因素构建其都市农业发展体系，以期更好地指导未来成渝地区都市农业高质高效发展。

4.1 都市农业相关概念研究与发展历程

4.1.1 都市农业概念界定相关研究

都市农业的产生与发展经历了一个长期过程，1898年英国霍华德提出"田园城市"理论，强调了农业社会、生活及生态功能统一[1]，初具都市农业的雏形，被大多数学者认为是都市农业理论的起源萌芽。到19世纪20年代杜能提出农业区位理论，认为农业的全部形态会随着种植作物的不同而发生变化，在各圈层中可以观察到各种各样的农业组织形式，以城市为中心，由里向外依次为自由式农业、林业、轮作式农业、谷草式农业、三圃式农业和畜牧业的同心圆结构，强调了农业发展与城市间的关系[2]，该理论也是后来都市农业理论发展的基础。"都

---

[1] ［英］埃比尼泽·霍华德. 明日的田园城市[M]. 北京：商务印书馆，2008.

[2] 丁圣彦，尚富德. 都市农业研究进展[J]. 生态农业，2003（10）：159-163.

市农业"一词的出现是在1930年日本《大阪府农会报》杂志上，将其描述为"以易腐败而又不耐储存的蔬菜生产为主，同时又有鲜奶、花卉等多种农产品生产经营的农业"，是最早出现的对都市农业的定义，在后来的学术研究和实践发展过程中，各国学者不断对其概念进行完善与补充。

需要强调的是，虽然都市农业一词无论是在学术界还是在实践中都已实现广泛应用，但关于都市农业的概念界定却尚未统一，国内外学者或组织给出的概念也存在偏重点的不同，大致归纳为3种。一是基于地理空间的特殊性对都市农业概念进行界定，强调"城市及城市周边"是都市农业的核心特征。青鹿四郎在1935年出版的《农业经济地理》一书中将都市农业定义为，分布在都市工商业区和住宅区等区域或都市外围的特殊形态的农业，覆盖范围是都市面积的2～3倍[1]；Game和Primus将都市农业定义为，通过在城市及其周边地区种养动植物以满足当地需求[2]；美国农业部将都市农业定义为，大都市地区核心及其边缘内食品和其他产品的生产、分销和营销；联合国粮农组织将其定义为，都市和都市边缘的农业，此类定义都强调了都市农业的地理空间特征。二是基于城市与农业之间的关系特殊性对都市农业概念进行界定，偏向于强调都市农业与城市之间的关系。Luc Mougeot提出都市农业具备都市性这一类关键特征，它已经和城市经济及生态系统融为一体[3]，这与Richter所提出的"都市农业区别于乡村农业的关键特征便是融入城市经济生态系统"观点相同；雷诺兹（2011）将城市农业定义为位于城市中心或周围的生产，并融入城市经济、社会和生态系统；我国蔡建明等学者认为都市农业更加强调农业和城市共生的发展[4]，高度城乡融合性是其特征之一[5]，此类观点都更加强调都市农业对城市经济生态的关系。三是基于都市农业所具有的功能特殊性对其概念进行界定，更加强调都市农业服务于城市的功能性。尼科·巴克在对都市农业定义时较为重视对城市食物保障及可持续发展的功能，认为都市农业是利用城市及其周边要素，通过食用和非食用产品的生产、加

① 俞菊生，张占耕，白尔钿，等."都市农业"一词的由来和定义初探——日本都市农业理论考[J].上海农业学报，1998（2）：79-84.

② Game I, Primus R. GSDR2015Brief: Urban Agriculture End Hunger, Achieve Food Security and Improved Nutrition and Promote Sustainable Agriculture, 2015.

③ MOUGEOT L. Urban agriculture: defintion, presence, potentials and risks[J]. Energy Economics & Management Group Working Papers, 1999, 28（2）: 82-92.

④ 蔡建明，杨振山.国际都市农业发展的经验及其借鉴[J].地理研究，2008，27（2）：362-374.

⑤ 罗长海，邢斌斌，吴爽爽.都市农业园区的空间布局研究——以杭州都市农业园区为例[J].规划师，2010，26（增刊）：21-23.

工、运输来为城市活动提供相应服务和产品[1]，而联合国开发计划署采用了Smit等学者的定义，更加强调都市农业的生产、加工、销售活动都以满足城市消费需求为主要目的，凸显出都市农业服务于城市的功能[2]。

4.1.2 都市农业实践发展历程梳理

我国都市农业的产生与国外都市农业的产生理由有所不同，国外都市农业较大范围的兴起是在第二次世界大战结束之后，战争之后的经济复苏成为国家发展的核心目的，同时也为了缓解经济衰退所带来的城市食物供应保障的压力，因此在德国、美国、日本等国家的城市周边及其间隙地带开始自主实践发展"都市农业"[3]。此外，非洲、亚洲、拉丁美洲等一些发展中国家的都市农业，是在面对快速城市化和不断增长的"城市贫困化"状况下自然而然产生的。而我国都市农业的提出与实践是在20世纪90年代初为缓解快速城镇化所带来的"大城市病"，以政策推动的方式在上海、深圳、北京等地逐渐发展形成。基于都市农业产生的区别与差异，下面从国外和国内两个方面对都市农业的发展起源和历程进行了梳理和总结，以期为成渝地区未来都市农业的发展构建起实践理论基础。

4.1.2.1 国外都市农业实践发展历程

国外都市农业的实践起源于对政治经济危机的缓解，在学术界有据可查的最先开始大规模实践发展都市农业的是德国、俄罗斯、日本3个国家，其中，德国是最开始进行都市农业生产活动实践的国家，中世纪德国的大部分市民都在自家庭院建设农业园区场地，并在1919年出台了《市民农园法》，建立了"市民农园体制"，政府将土地出租给有耕种需求的市民，并不干涉市民的种植与经营方式，最大限度地保障市民种植的自由性，也保障了大部分城市居民能通过食物获得充足的营养。在社会经济形势好转之后，这些市民农园逐渐成为市民休闲娱乐、农耕体验的空间场所，形成了以市民农园为主的都市农业发展模式。与德国不同，日本都市农业的起源是因为在城市化进程中部分土地征收困难，使得部分耕地在城市中以"插花"方式保留了下来，并在土地私有制背景下由居民自行种植，形成了在城市中点状或片状布局的农园形式。

在20世纪60年代之后，都市农业在全球更大范围内发展，逐渐向政府规范

① 尼科·巴克. 增长的城市 增长的食物：都市农业之政策议题[M]. 北京：商务印书馆，2005.

② SMIT J，NASR J. Urban agriculture for sustainable cities：using wastes and idle land and water bodies as resources[J]. Environment and Urbanization，1992，4（2）：141-152.

③ 李娜，徐梦洁，王丽娟. 都市农业比较研究及中国都市农业的发展[J]. 世界农业，2006（5）：1-3.

化方向发展。新加坡、法国、荷兰等亚洲和欧洲国家因"人多地少、耕地不足"的现实困境，通过都市农业实践在解决温饱的同时也形成了独具特色的现代农业模式。新加坡自20世纪60年代就以农业科技园的方式探索都市农业发展模式，由国家投资建设后承包给企业或个人进行农业种植，也将其作为城市绿化体系中的重要组成，为城市绿化建设贡献了农业力量。荷兰在20世纪60年代末期依靠社区农园、玻璃温室等都市农业模式，发展成为全球第三大农业出口国，除国家拥有的农园、温室以生产功能为主外，也有部分小块农园由隶属于29个协会的5 500个成员耕作，主要发挥都市农业的休闲体验功能。日本在20世纪60年代之后，城市经济的快速发展和城市建设的快速扩张，"插花式"的都市农业在增添城市绿色、提供城市休闲空间的功能越发显著，政府相关部门也越加重视都市农业在城市建设中的作用，到70年代后，都市农园发展出两种形式，一种是政府出租给市民种植的市民农园，另一种是由专门人员管理的农业公园，具有生产、生活、生态等多种功能，其都市农业已经开始向规模化和商业化方向发展。

在20世纪90年代前后，发达国家都市农业模式基本成型，政府配套政策体系也逐步完善。圣彼得堡基本形成个人耕种园、小别墅[①]和社区耕种园区的都市农业发展模式并延续至今。而日本各级政府也开始出台多种都市农业鼓励措施，制定的都市农业举措超过250项[②]，鼓励多种模式的都市农业发展。作为都市农业发源地的德国，为解决工业化发展带来的环境污染问题，提出"综合型都市农业"的发展模式，鼓励采取既能够满足人民生活需要又不破坏生态环境的都市农业生产经营模式。此外，拉丁美洲、非洲等一些发展中国家也出于解决城市贫民的饥饿问题开始都市农业的实践，许多城市贫民出于生存需求，在空地甚至被污染的地区种植粮食，获得稳定的食物来源和相对更好的营养食品，形成了以家庭菜园为主的都市农业发展模式。为此，许多非政府组织和部分国家的政府组织也开始在发展中国家实施都市农业推广工作，部分地区逐步形成社区农园、校园农场等多种利用公共空间的发展模式。

到21世纪前后，全球许多国家开始了都市农业探索实践和理论研究，各类国际组织也逐步成立和发展，都市农业在全球中发展阻碍越来越少，相关政府部

---

① 在20世纪70年代之前，城市周边有一些残垣，并划分为多个400㎡的小块土地，每块土地上建造了一些小型居民房，被称为"乡间别墅"，并允许普通市民在此从事农业活动。在70年代之后，圣彼得堡政府允许一些建筑协会利用这些城市边缘的菜园，因此许多专业企业在这些400㎡的小块土地上建造了凉亭，并在其中进行农业种植活动。后期因国家政治经济的变动，拥有乡间别墅的人数成倍增长，小别墅模式的都市农业发展方式也收获颇丰。

② BIRKLAND T A. An introduction to the policy process: theories, concepts and models of public policymaking[M]. 2nd edition. New York: M. E. Sharpe, 2005.

门也开始关注都市农业能为城市发展带来的社会、生态等多种效益，并出台各类政策支持都市农业发展。1998年津巴布韦的布拉瓦约市政府成立专门委员会以商定都市农业提案，并在2000年7月采纳实施，该提案允许市民在城市内合理地开展农业种养活动，但也对部分区域的农业种养行为进行了限制。2002年，为缓解贫困和失业的压力，南非开普敦政府起草都市农业工作草案，并在2006年通过实施。该草案对种植业、畜禽和水产养殖业等不同都市农业产业的管理方向进行了分类，以完善的制度框架和执行策略保障都市农业的城市友好化发展。

4.1.2.2　国内都市农业实践发展历程

从国外都市农业实践发展历程的梳理分析中不难看出，全球无论是发达国家还是发展中国家，都市农业的兴起更多的是一种自下而上、自然而然的结果，且与城市社会、经济、生态发展关系较为紧密，政府部门在其中的作用更多的是出台相关政策保障其发展，而我国都市农业的起源与发展是依托早期的城郊农业，在城乡二元问题协调、改善的现实需求下，国家相关政府部门根据社会经济发展水平对现代农业发展政策方向进行调整，推动着我国都市农业自上而下的产生。

准确来讲，我国都市农业是为更好地适应社会、经济、文化发展，由传统的城郊农业转变、衍生而来。在传统历史文化的影响下，我国城乡空间布局多以城市区域为中心呈环状向外衍生，城乡界限明显的经济发展初期，为保障城市居民生产生活对农副产品的需求，且在国家"菜篮子工程"建设布局下，许多重大城市农业开始向城郊型农业发展[1]，其在行业结构、产品结构、技术构成等方面都具有城郊独有的经济特色，在当时逐渐成为农业现代化的先导。但随着中小城市的扩展和大范围城市群的建设，大部分农田被保留在新城区范围之内，且在交通、信息、技术融合流动背景下，城市与农村之间的边界逐渐模糊[2]，其周边的农业呈零星散落状、网络辐射状、点状、格状、带状等不规则布局，打破了城郊农业传统的环状布局方式，难以确定其是处于城市空间还是城郊空间。此外，城市经济的发展也带来了城市居民需求的升级，对农业产业的功能需求也呈现出多元化的发展趋势，城郊农业简单的食品供应功能已经无法适应市场的变化，其专业性能需要向更高层次转变和拓展。由此可见，传统的"城郊农业"概念尚不能囊括现代都市区域农业的内涵，"城郊农业"自然而然地开始向"都市农业"过渡。

普遍认为，我国都市农业最早提出和实践是在20世纪90年代的上海、北京、

---

① 庄晋财，唐桂林. 从城郊型迈向都市型：南宁市农业发展的新思路[J]. 农业技术经济，1999（2）：57-60.

② 张占耕. 都市农业是城乡工农融合过程中的农业形态[J]. 学术月刊，1998（11）：4.

广州等地，是政府在社会经济发展背景下，通过政策制定的方式推动社会开展相应的实践。1994年上海依托自身城乡社会经济发展基础，提出构建"与国际大都市相适宜、具有世界一流水平的现代化都市型农业"的构想，并首次在"九五"规划中提出上海需要走多种功能的都市型农业发展新路径，推动城郊型农业向都市型农业的转变。《中共上海市委关于奋战1999年以两个文明建设的新成绩迎接新世纪的决定》中提出"合理调整结构，积极推进科技兴农战略，加快农业产业化步伐，提高菜篮子、米袋子工程建设水平，促进城郊型农业向都市型农业转变"。随着社会经济的不断提升发展，上海市在"十五""十一五""十二五"和"十三五"规划中都持续对都市农业发展路径进行了部署，其中，"十二五"规划明确提出"大力发展都市型高效生态农业，强化农业的经济功能、生态功能和服务功能"，对都市农业多功能作用进行了进一步的归纳细分。由此可见，上海都市农业发展是以满足城乡居民生产生活的多种功能需求为主要目的，在保证都市农业"菜篮子"保障功能的核心地位基础上，开始探索都市农业对城市生态环境改善、居民田园景观丰富等多种功能。基于此，上海都市农业在市场和政府的调整和引导下，积极推广使用先进栽培设施和配套技术，构建产业和功能结构不同的都市农业发展区域，以更好地适应条件基础和市场需求[①]。

与上海市发展都市农业相似，北京市也在资源制约加剧、生活要求提升、农业科技进步等多方因素影响下，通过出台多项政策制度以指导区域都市农业的发展。1994年，北京市朝阳区政府将都市农业作为区域经济发展的重要工程，并在1996—2010年期间，多次在经济发展战略中提出北京郊区农业的发展应当适应北京城区的性质和功能，发展"都市农业"。2005年，出台《关于加快发展都市型现代农业的指导意见》，首次对发展都市型现代农业作出了全面、系统的部署，推动实现"郊区农业单一功能向多功能转变，城郊型农业向都市型现代农业转变，郊区农业由粗放型向集约型农业转变，从注重生产向注重市场领域转变"。自此，北京现代农业开始注重对生活、生态和社会功能的综合开发，规划发展"五圈"[②]的都市型农业发展布局。在"十一五"期间，出台《北京市农村工作委员会关于发展都市型现代农业的政策意见》《北京市"十一五"时期新农村建设发展规划》等多项政策，不断优化都市型现代农业布局，围绕"五圈"都市型农业发展布局规划首都区域农业发展重点。"十二五"期间，《北京市"十二五"时期都市型现代农业发展规划》提出"使都市型现代农业成为首都

① 王培先.都市农业及其在上海的发展[D].上海：复旦大学，2000.

② "五圈"指城市发展圈、近郊农业发展圈、平原农业发展圈、山区生态涵养发展圈、环京圈外埠合作农业发展圈。

鲜活安全农产品供给的基础保障、宜居城市的生态景观基础保障和直接从事农业生产的农民增收的基础保障"，依托科技不断创新北京都市型现代农业的发展模式，引导都市型农业在保障城市生活多元化需求的同时，满足提高农民收入水平的社会发展要求。"十三五"期间，在我国经济进入新常态、改革进入深水区的现实背景下，以发展北京都市现代农业为方向，着力构建与首都功能定位相一致、与二三产业发展相融合、与京津冀协同发展相衔接的农业产业结构，为北京市疏解非首都功能、治理大城市病、产业结构调整等需求提供现代农业支撑。由此可见，北京都市农业发展是以城市经济定位为基础，采用政策引导的手段实现多功能、多模式的发展。

广州市作为我国重要的沿海城市，到20世纪90年代末其城市化进程空前加快，充分利用区位、经济、人才、技术、信息等方面的优势，推动以供应城市为单一功能的城郊型农业向多功能融合的都市农业转变，发展形成产品生产型、科技示范型、生态保护型和休闲服务型都市农业产业模式。在"十五"期间，广州市委、市政府提出推动广州市农业结构战略性调整的"三个圈层"[①]总体思路，引导不同农业功能圈层式布局发展，到"十二五"初期初步形成都市农业发展基础。2011年，面对城乡居民对农业的生态保护、文化传承和休闲观光等功能需求的增加，印发《中共广州市委办公厅 广州市人民政府办公厅关于加快转变农业发展方式的实施意见》提出"切实转变农业发展方式，建设具有岭南特色的都市型现代农业"，其都市农业发展步伐不断加快，逐步形成了"大都市小农业"的发展格局。由此可见，广州市都市农业的建设发展是在政府宏观调控下推进完成的，对都市农业功能布局情况具有较强的经济政策性质。

从上海市、北京市、广州市等我国都市农业发展较快区域的历史进程来看，我国都市农业的发展更多的是在政策宏观推动下进行，且更关注都市农业多功能在城市和乡村生活中的显现与发挥。未来，随着农业科技的不断创新、推广和应用，将进一步拓展都市农业功能，引导一定区域范围内都市农业的空间布局、功能结构、产业体系等发生变化，出现新的发展趋势。

4.2 都市农业内涵探讨与趋势展望

4.2.1 都市农业内涵初步探讨

概念是人们在实践探索过程中逐步对事物发展情况、规律和趋势形成的理性认识，是在事物发生之后所进行的定性总结，是对事物显著特征的应然表达。对

---

① "三个圈层"指近郊圈层、中郊圈层、远郊圈层。

事物进行清晰科学的概念界定是指导人们推动事物高质量发展的必要前提之一。为更好地指导成渝地区未来都市农业的发展，本书将在4.1章节整理总结都市农业概念的基础上，结合我国农业发展的大趋势与相关研究基础，对都市农业的内涵进一步完善与调整，以期为成渝地区都市农业发展体系的构建奠定理论基础。从4.1.2章节的分析不难看出，无论是国外通过市场经济调节形成的自下而上的都市农业发展模式，还是我国由相关政策制定所推动的自上而下的都市农业发展模式，都是伴随着现代都市发展而发育成长起来的新型农业形态。都市农业与其他现代农业业态最大的区别在于其在空间、功能和价值等方面所表现出的与城市发展的关联性，而关联性的强弱又会反向影响都市农业发展方向和重点。因此，认为都市农业的内涵不只是在空间或者功能上与城市区域的关系，更多的是都市农业与城市紧密关系下所展现出来的空间、功能及价值特征。具体而言，都市农业与其他现代农业业态之间存在空间布局上的显性区别，由此导致了功能表达上的隐性差异，进而产生价值体现上的经济性不同。

就我国而言，都市农业是随着城市经济的有效提升和范围的持续扩张，在早期城郊农业空间基础上发展转变而来，在与城市的空间关系上不再是单纯的"分割式"环状布局，出现了在城市内外空间的网状、带状、零星状的"嵌入式"分布关系。由此可见，都市农业的空间布局距离市区范围更近，与城市区域的空间关系相对紧密，这是都市农业在空间上所表现出来的显性差异。按照"杜能圈"所提出的在一定交通、运输、储藏等技术水平下，农业空间与城市之间的距离关系影响着农业功能布局的理论逻辑，都市农业在空间布局上所具有的显性差异必将对产业功能表达产生影响，进而表现出功能表达上的隐性差异。都市农业与城市区域空间关系的紧密性，使得其发展受城市建设溢出效应的影响，发展重点和发展方向直接或间接地受到城市经济的影响。因此，在市场经济的作用下，都市农业倾向于服务城市生产生活，并注重打造服务型、科技型城乡融合发展新场景。如北京都市农业在"菜篮子"工程建设基础之上，发展形成科技支撑型园区经济模式、生态优先型区域经济模式、示范带动型会展经济模式等表达生产功能之外的其他功能的农业业态，使都市农业功能表达更加符合城市建设与城乡融合发展的服务性需求，这与以生产功能为核心，融合服务、科技等辅助功能的远郊农业之间存在功能表达差异。产业不同功能的表达目的在于满足消费市场的需求，进而实现自身产业经济价值的转化，都市农业的产品价值转化也是符合此规律的。但是需要注意的是，都市农业与其他农业业态所表达的功能有所差异，衡量的经济价值偏重不同，以生产功能为核心的远郊农业，其经济价值偏向于以实际粮食产量或产值衡量，而都市农业较之生产功能，更加注重农业所能带来的生态、服务功能，其经济价值偏向于生态、文化等方面的价值体现，且在食物供应保障功能上的价值衡量都不再只看重"数量"单一指标，而更偏向于满足城乡居民高质量生活要求的"质量""结构""速度"等相关指标，因此在都市农业功能表达隐性差异下，在社会经济中的价值体现会有所不同。

综上所述，将都市农业内涵表述为因与其他现代农业业态存在显性的空间差异，受到城市发展建设影响而产生功能表达上的隐性差异，在经济层面表现出偏向于生态、社会、服务等方面的高质量价值体现的现代农业业态。通过对都市农业内涵的进一步深化，为其未来发展趋势分析奠定坚实的理论框架。

4.2.2　我国都市农业发展趋势

4.2.2.1　功能多元化

早在20世纪中期，因粮食安全和环境污染问题，人们开始认识到农业的多功能性质，并发起多种形式的乡村活动以实践农业的多功能性[①]。发展至今，对于农业多功能性已经形成普遍的共识，即农业除具备基本的生产职能外，还具有保护自然环境、涵养水源、净化空气、传承文化、保健娱乐等方面的功能，在经济、生态、社会、文化等方面兼具多重效用，然而具体显现出怎样的功能是与空间区位、资源禀赋、社会经济、科学技术、文化思想、生活需求等因素相关联的。就农业整体产业来看，随着城镇化、工业化、非农化、经济发展水平、社会消费需求等社会经济状况的变化，人们越发追求生产、文化、休闲、体验等多元化的农业功能，且对基本的生产功能也提出高质、高效、有机的要求，而都市农业作为具有空间、功能、价值特殊性的现代农业业态，未来其功能多元化发展也是必然趋势。在我国新型城镇化、乡村振兴等国家战略实施过程中，推动着城市与乡村之间的关系变化，在此变化过程中不断涌现出多样化的发展，而都市农业作为连接城市与乡村的重要农业业态，其脱胎于乡村、受益于城市的独特特征，使得都市农业发展需要协同满足城市与乡村两大空间发展的生产、生活、生态需求。受到城市经济发展的影响，都市农业的功能表达更加偏向于担负城市建设中文化传承、传统教育、环境改善、交流沟通等方面的城市发展功能需求，通过满足市场需求促进农业产业结构优化升级，形成高投入、高产出、高效益的现代农业新业态。此外，在我国快速城市化发展过程中，人口的集聚及城市生态环境问题的发生，都市农业作为城市生态系统中的重要组成部分，如何发挥产业本身所具有的生态正向效应，也是未来我国都市农业功能建设的重点。

①　赵建华，欧阳浩宇，李钰涵. 多功能农业理论下广州乡村振兴策略研究[J]. 现代农业科技，2021（23）：214-216.

4.2.2.2　手段智慧化

在现代信息技术飞速发展的今天，先进信息化、数字化技术的有限应用已经成为在世界产业格局中占领"制高点"的关键，在美国、荷兰、英国等发达国家，面对资源环境的约束与生存需求的升级，现代信息技术在其都市农业生产中的应用已非常普遍和成熟，在都市农业智能化、信息化、智慧化发展中都投入了大量的人力和物力，以先进技术武装的园艺化、设施化、工厂化生产方式或模式让其都市农业产业在世界产业格局中占据了先机，面对全球化和信息化的巨大浪潮，我国作为处在经济生态关系转型重要阶段的农业大国，都市农业的发展也必须重视农业智能化和信息化的建设。另外，从我国经济发展历史与基本资源状况出发，经济发展早期的快速城市化进程带来了城市边界的迅速扩张，抢占和挤压了城市周边的耕地资源，虽现行的耕地保护政策在一定程度上有效阻止了城市建设对耕地资源的侵占，但对城市及其周边出现的耕地资源减少、资源空间破碎化、土壤质量下降等问题缓解程度较小。在面对较大人口基数和城市可持续发展的现实需求下，需要在空间中布局都市农业"以最小的投入获得最大的成果"的发展方式开展相关农业生产工作，通过先进的科学技术手段，对都市农业生产、技术、供应、市场等信息进行加工处理，提出最佳的生产要素投入方案，引导生产者、管理者作出科学的决策，提高要素投入与资源需求间的精准度，缓解城市及周边区域都市农业生产资源限制的困境，保障都市农业生产效率的提升，而这正是都市农业智慧化发展的方向之一。此外，近年来国家颁布的《数字农业农村发展规划（2019—2025年）》《全国农业现代化规划（2016—2020年）》等相关政策制度，以支持智慧农业的发展，鼓励通过信息化对农业结构进行科学优化调整，有效提升农业生产效益。都市农业作为我国农业现代化发展的重要组成部分，未来也将按照相关政策向智慧化、数字化、信息化发展。

4.2.2.3　高度产业化

2019年末，中国总人口突破14亿，城镇常住人口近8.5亿，城镇化率超过60%，预计"十四五"期末，中国常住人口城镇化率将达到65%左右，2035年达到70%左右，城镇常住人口约10亿[①]。随着城镇化继续发展，人口在城市大量聚集，食品需求增长而生产资源减少的矛盾将更加突出，这让都市农业在保障城市粮食和重要副食品安全方面所能发挥的作用越发不可或缺。如何在城市周边有限的资源环境条件下保障产品质量，是都市农业在未来城市化发展进程中所要关注

---

① 上海市社会科学院. 超大城市为什么更需要大力发展都市农业[EB/OL]. https://www.thepaper. cn/newsDetail_forward_11443809.

的重点，而此目标的达成不是单独的某一环节的提升所能实现的，需要种植、生产、加工、包装、储藏、运输等产业链横向延伸的各个环节共同发力，实现内部产业链条的整体提升。简单来讲，未来都市农业发展需要重视适宜城市周边资源环境的新品种创制，配套研发对城乡环境、作物影响较少的农业生产资料，创新适宜城市分散式土地模式利用的农业生产技术设备。同时，要遵循产业现代化发展的需求，加快在农业包装、存储、运输等环节相关技术、设备的推广和应用，增强都市农业产业后端的附加值，进而加快都市现代农业产业化发展进程，保障都市农业产业链全链条的质量安全问题。除了产业链横向延伸外，面对国内部分城市出现的"大城市病"问题，需要进一步凸显都市农业在保护自然环境、涵养水源、净化空气、传承文化等方面的功能，需要拓展包括餐饮、休闲、教育等横向产业链条。具体而言，未来都市农业需要充分发挥其所具有的农业产业基底作用，通过与农业产业之外的其他产业融合发展来发挥生产之外的产业功能，更好迎合城乡发展的多元化需求，而这正是都市农业横向产业化发展的题中之意。此外，随着经济全球化和国际化大都市的发展，我国"十四五"时期进入高质量发展的新阶段，都市农业作为外放型产业，高度产业化是保障国际市场竞争力的关键，需要通过与二三产业的融合发展构建出高质高效的纵横产业链，实现都市农业产业的标准化、可持续发展。

4.2.2.4 区域特色化

在全球经济发展和消费升级背景下，有特色有差异的产品是获得市场吸引力和竞争力的关键，这对于都市农业产业也不例外。都市农业作为布局在城市及城市周边的现代农业业态，我国早期大都市的城市建设让其内部及周边耕地变得更为破碎分散，土壤质量水平也相对偏低，特别是城乡融合发展过渡的空间区域，耕地空间、经济等关系更为复杂，如在相关调研中发现，深圳光明区光明街道永久基本农田在空间上呈15个地块分布，共1 731亩，其中最大861.94亩，最小仅4.43亩，部分地块布局零散。虽然后来部分区域通过土地综合整治等多种手段来缓解这些问题，但仍决定了我国都市农业不能"面面俱到"地以数量扩张和产业覆盖的经营发展方式获取国外市场竞争优势，而是需要充分利用区域资源、社会、文化、历史特点，重点聚焦具有一定市场竞争力的特色产业，探索创新特色化、差异化的都市农业发展模式，生产高效特色农产品，通过特色产品品质和效益在市场竞争中取胜。如日本面对有限的耕地资源制定了"精细农业"的都市农业发展战略，支持开展"一县一品、一村一品"行动，逐渐形成全域差异化、特色化的都市农业产业格局，并在"品质+品牌+营销"的效应叠加下，将自身本土农产品培育成海外市场高端农产品的代名词，2018年的我国农林水产品和食品出口额达到了82.4亿美元。我国地域辽阔，资源种类繁多，地形地貌复杂，有丘陵、山地和高原，也有平原和高平原。在长期发展过程中，围绕我国农业资源特色，农业产业按区域形成了差异化的发展格局，在具有特殊气候、水土资源的部分区域形成了相对区域化的特色农业，如吉林省的人参、高原地区的虫草、川西南的茶叶等。由此可见，优越的自然资源基础为我国都市农业区域特色化发展创造了得天独厚的条件，农业技术、设施、设备的快速发展也保障了都市农业特色化发展的可能。

4.2.2.5 场景多样化

在与城市经济关系紧密的背景下，我国都市农业发展更加偏向于对生产之外的功能发挥，其产业价值也不再只以农产品产出数量作为核定标准，更多地体现在满足城乡居民关于休闲体验、科普教育、生态康养、文化传承等方面需求的价值，如此便需要多样化的场景打造来承担相应的载体作用。如为了满足城乡居民对美好生活向往的需求，成都市规划建设一批绿道、特色镇（街区）、高品质精品林盘、精品民宿等多种都市农业体验消费场景。未来，随着城乡居民生活方式转变和对美好生活的向往，对农业功能的需求也将会向多元化方向发展，为此，都市农业场景的打造也需要考虑对功能需求的满足并向多样化方向发展。都市农业作为位于城市与乡村之间的现代农业新业态，将乡村的传统生产资料与城市的现代高端要素进行了整合，农业产业之外的生产要素在其中的融合应用为都市农业发展带来了很多新的可能，如信息技术和物联网技术在都市农业产业中的应用创造了各类智慧农业场景，VR技术在都市农业产业中的应用创造了更为丰富的农业体验场景，并随着科技的发展，将会出现多样化都市农业场景的可能。此外，我国大部分都市建设场景存在一定的单调性，在较大的城市生活压力下容易造成内部居民的精神疲惫感，打造具有原始绿色、生态、自然的场景是缓解此疲惫感的"良药"，在较快的城市生活节奏中并非所有人都有时间到乡村放松，因此城市内部的都市农业生态绿色场景打造就有了发展的必要性。

4.3　成渝地区发展都市农业重要性

都市农业已经成为全球农业现代化发展的重要路径之一。对于成渝地区而言，在建设城市生态环境、实施乡村振兴战略、城乡融合发展、保障城市食物供应等方面都展现出发展都市农业的重要性，是推动区域完成"农业农村优先发展，实现农业农村现代化"任务的重要抓手。

4.3.1　城市菜篮子保障需要都市农业

在20世纪80年代末，为缓解我国农副食品特别是蔬菜供应偏紧的现实状况，农业部在1988年提出建设"菜篮子工程"，通过建立中央和地方主要农副产品生产基地，保障城市居民生产生活对新鲜蔬菜瓜果的消费需求。截至目前，我国"菜篮子"工程的实施经历了多个阶段，从1988—1993年的以保障供应数量为主的集贸市场建设，到1995—1999年的"设施化、多产化、规模化"的扩大至城乡接合地区的基地建设，再到1999—2009年的面向农副产品高质量层面发展阶段，开始实施无公害农产品行动计划。2010年出台《关于统筹推进新一轮"菜篮子"工程建设的意见》，不仅强调要加强生产基地的建设，也要重视产品质量的保障，同时对农产品现代流通体系的构建也提出了新要求。还指出要支持在大中城市郊区和蔬菜、水果等园艺产品优势产区，建设一批设施化、集约化"菜篮子"产品生产基地，并大规模地开展标准化创建活动，带动园艺产品、畜禽水产养殖标准化生产，支持建立国家级"菜篮子"产品全程质量追溯信息处理平台，强化大中城市消费区域与优势产区间的产销衔接功能。由此可见，"菜篮子"工程在我国城市和农村发展中起着十分重要的作用，且经过多年的发展，工程的实施不再只是重视产品数量，也强调对产品质量的把控和产销环节的顺畅。

成渝地区作为我国西部主要城市群，除成都市和重庆市外，大部分城市的常住人口城镇化率仍处在城乡人口流动加速时期，各区（市、县）人口仍从乡村区域向城市区域聚集，成渝城市区域的人口数量在未来仍会处于增长阶段，而农产品作为人们生产生活的基础保障性产品，城市人口的增加无疑会增大城市食物供应保障的压力，且人口流动也带来了农业产业要素向非农产业要素的转移流动，进一步增加了保障城市食物供应的压力。面对不断增加的城市食物供应保障压力，成渝地区未来需要打造更加符合城乡发展规律的农业产业新业态。都市农业所处的独特空间位置，造就了其与城市市场天然的对接优势，广州市、上海市、深圳市等先发城市在"菜篮子"工程实施过程中，也十分重视都市农业此优势所能在城市食物供应中发挥的作用，已经成为城市"菜篮子"产品重要供给区。广州市通过探索都市农业的高质量发展路径，保障了城市"菜篮子"的有效供应，在2019年蔬菜本地产量达到385万t，自给率106%；水果产量达到64万t，自给率60%；水产品产量46万t，自给率80%[①]，基本实现对广州市这一特大型城市的农副产品供应。上海市作为我国最早将都市农业写入区域5年发展规划的城市，其都市农业发展对城市"菜篮子"工程的实施起到了至关重要的支撑作用，90%的

---

① 资料来源：https://news.timedg.com/2020-11/27/21162928.shtml.

蔬菜供应都来自本土的都市农业，极大地缓解了上海市城市蔬菜供给压力。而且，都市农业的发展也为城市市场带来了更高质量的农副产品。一方面，都市农业作为现代农业的新业态，如智慧农场、垂直农场、屋顶农场等模式都具有相对较高的技术投入水平，对生产全流程的质量把控也是远高于普通农业生产，保障了城市供应产品的生产质量。另一方面，都市农业与城市距离较近，为其保障蔬菜、乳制品等易腐农产品新鲜提供了距离优势。因此，成渝地区面对未来逐渐增加的城市食物供应压力，可以围绕都市农业这一现代农业新业态进行创新，实现对城市食物自给供应的数量和质量的"双保障"。

4.3.2　城市生态环境建设需要都市农业

2015年，习近平总书记在党的十八届五中全会第二次会议中提出"创新、协调、绿色、开放、共享"的发展理念，指明了我国未来长期发展的思路、方向和着力点，对我国破解发展难题、增强发展动力、厚植发展优势具有重要影响意义。其中，绿色发展理念作为新发展理念的关键，在党的十八大以来，将生态文明建设作为五大建设之一，党的十九大报告也指出"要提供更多优质生态产品以满足人民日益增长的优美生态环境需要"。在2020年9月明确提出2030年"碳达峰"和2060年"碳中和"目标，并在《中共中央　国务院关于完整准确全面贯彻新发展理念做好碳达峰碳中和工作的意见》中提出"加快形成节约资源和保护环境的产业结构、生产方式、生活方式、空间格局"，倡导经济与绿色协同并进的高质量发展道路。城市作为人类生存发展的重要社会空间之一，在引领经济社会发展的同时，也因早期粗放式的发展建设方式成为环境矛盾和生态问题的焦点，城市成为践行绿色发展的重点区域，应该将其融入城市发展建设理念之中，需要探索经济生态化和生态经济化两种路径，实现城市绿色、低碳、高效的高质量发展。成渝作为我国西部地区重要城市群，是西部大开发的重要平台，是国家推动新型城镇化的重要示范区。《成渝地区双城经济圈建设规划纲要》提出到2025年生态宜居水平大幅提高的目标，要基本形成生态安全格局，建设包容和谐、美丽宜居、充满魅力的高品质城市群。

城市生态环境建设无疑是成渝地区打造建设的核心内容之一，各地也出台相关政策保障生态保护措施的有效实施。2016年8月17日重庆市人民政府出台《重庆市生态文明建设"十三五"规划》，面对新型城镇化战略部署中对优化生产、生活、生态功能布局，推动形成绿色低碳生产生活方式和城市建设运营模式的要求，提出强化五大功能区生态调控，其中都市功能核心区要强化城市绿地、林地、湿地等空间连通；都市功能拓展区强化耕地、林地、湿地、建设用地和未利用地的空间集聚，实现城市内外绿地连接贯通；城市发展新区要促进山水田园错落相间、人与自然和谐共生，突出生态环境打造在城市建设中的基础核心地位。此外，重庆市在2021年12月29日出台《重庆市城市生态管理办法》，强化对城市内部"用地性质为非建设用地，但紧邻城市建设用地或者被建设用地包围，具备山体、水系、林地、草地、湿地等自然景观资源，且具有保障城市生态安全功能和一定的城市公园服务设施，能够满足市民游览观光、休闲运动需求的绿地"的永久性保护。2018年2月11日，习近平总书记在四川成都天府新区调研时提出"公园城市"的全新理念，是将公园形态与城市空间有机融合，生产生活生态空间相宜、自然经济社会人文相融合的复合系统，是人、城、境、业高度和谐统一的现代化城市，是蜀风雅韵、大气秀丽、国际现代的城市形态[①]，彰显公园城市美学价值。相关政策制度的制定，进一步强化了建设城市生态的重要性，而产业作为城市建设发展的"骨架"，绿色生态产业结构的构建调整是打造优质城市生态环境的关键。都市农业作为一种脱胎于乡村、受益于城市的现代农业新业态，在城市生态建设中有着独一无二的作用，是更好实施经济生态化和生态经济化两种路径的产业载体。

城市建设与生态环境的主要矛盾在于因无法有效地实现经济价值与生态价值之间的自由转换，而出现了两者行为过程中对自然资源的相互争夺情况，城市建设在其经济目标推动下，城市生态保护实施艰难，多以政府为主导的公益性方式进行，难以形成长期稳定、可持续的城市生态发展模式。如依靠政府行政手段，2021年重庆市森林覆盖率达到了54.5%，并在"十三五"期间累计完成营造林3 586万亩，新增森林面积1 100万亩以上，构建了丰富的生态资源基础，但其生态资源的效益价值转化情况并不理想，后续生态价值维系的机会成本较高，后期避免城市开发占用的压力较大。都市农业作为一种新型的现代农业业态，既具有城市产业的经济价值，也具有农业的生态价值，具有能将城市经济发展与城市生态建设有机融合的"天生"能力，是实现生态资源经济价值转化的良好"中介"，如城市内部的都市农业既能发挥城市绿化的作用，也能通过科学技术的应用生产高质量的农产品以产出高于普通农产品的经济价值，通过体验采摘等产业融合方式实现农业产业之外的经济价值。由此可见，成渝地区在生态城市建设目标下，需要在城市建设发展过程中重视都市农业的发展，通过构建满足城市生态环境需求的都市农业场景，更好地发挥都市农业将城市经济发展与城市生态建设有机融合的能力，加快推动生态资源的经济效益价值转化，构建城市经济和生态

---

① 中共成都市纪律检查委员会. 中共成都市委关于深入贯彻落实习近平总书记来川视察重要指示精神加快建设美丽宜居公园城市的决定[EB/OL]. https://www.ljcd.gov.cn/show-48-57426-1.html.

协同发展的农业产业基础。

4.3.3 乡村振兴战略实施需要都市农业

中华人民共和国成立之后，面对"百废待兴"的国家发展现状，制定了优先发展重工业和实施城市化的战略，实行二元经济社会结构体制，在农业就业份额高达83.5%的社会经济结构下，农业产业提供了发展改革中所需的大部分资源要素，逐渐形成农村支持城市的现代化发展格局，并实现了我国较低成本的工业化、城市化和现代化发展，但也逐渐拉大了农业农村与城市发展水平的差距，此状态一直持续到21世纪初期。面对不断扩大的城乡发展差距和我国的农村人口比重大的基本国情，十六届四中全会中提出"两个趋向"的重要论断[①]，并提出实施"工业反哺农业、城市支持农村"的发展策略；十七届三中全会指出，我国的现代化要始终坚持工业反哺农业、城市支持农村和多予少取放活的方针，加快形成城乡经济社会发展一体化新格局，开始调整农业与工业、农村与城市之间的发展关系。随着改革的深入，我国对农业农村发展的定位、方式、路径越发清晰，十八大报告中强调"解决好农业农村农民问题是全党工作重中之重，城乡发展一体化是解决'三农'问题的根本途径"，对新时期解决"三农"问题提出了更加清晰的思路、更加明确的方向和更加具体的措施；党的十九大报告初次提出要实施乡村振兴战略，到2018年，中央一号文件进一步聚焦农业农村现代化发展问题，对新发展阶段优先发展农业农村、全面推进乡村振兴作出总体部署，为做好当前和今后一个时期"三农"工作指明了方向，2018年9月中共中央、国务院印发《乡村振兴战略规划（2018—2022年）》，按照产业兴旺、生态宜居、乡风文明、治理有效、生活富裕的总要求，对实施乡村振兴战略作出阶段性谋划；2021年中央一号文件提出"民族要复兴，乡村必振兴"，把全面推进乡村振兴作为实现中华民族伟大复兴的一项重大任务，举全党全社会之力加快农业农村现代化。至此，形成了以乡村振兴战略为抓手的农业农村现代化发展格局，成渝地区也需要为西部提供可参考、可复制的乡村振兴样板。

乡村振兴包括乡村产业振兴、乡村人才振兴、乡村文化振兴、乡村生态振兴和乡村组织振兴5个方面，其中产业振兴是源头、是基础、是动力，只有乡村的产业振兴，才能为经济高质量发展贡献农村力量。近年来成渝地区也在保障粮食安全、开发农业多功能、优化利益联结等方面，不断探索乡村产业振兴的新模

---

① "两个趋向"指在工业化初始阶段，农业支持工业、为工业提供积累是带有普遍性的趋向；在工业化达到相当程度后，工业反哺农业、城市支持农村，实现工业与农业、城市与农村协调发展，也是带有普遍性的趋向。

式，逐渐凸显乡村产业振兴在成渝乡村振兴战略实施中的重要地位。2018年出台的《四川省乡村振兴战略规划（2018—2022年）》中明确围绕"优、绿、特、强、新、实"，加快构建现代农业三大体系，实现乡村产业振兴，并在农业现代化发展过程中形成"10+3"产业体系；2020年，四川省粮食播种面积9 468.9万亩，粮食总产量3 527.4万t，形成全国最大的晚熟柑橘产业带，川芎、川贝母等大宗药材人工种植面积在全国位列第一。同时，以园区建设为引领的现代农业高质量发展模式取得一定成效，创建国家级现代农业园区11个、认定省级星级现代农业园区94个、建成产业融合园区430个，农业产业增加值在2020年达到5 556.6亿元①。成都作为四川省的省会城市，积极转方式、调结构、增效益、强动能，加快构建农商文旅体融合发展的现代农业体系，"十三五"期间，探索发展"特色镇、川西林盘、农业园区（景区）"多元融合模式，打造建设1 160个农商文旅体融合发展消费新场景，乡村旅游总收入比"十二五"期间增加294%②。重庆市实施乡村振兴战略行动计划，在特色产业方面，大力发展柑橘、榨菜等特色产业；在产业融合方面，加快发展农产品加工及生态旅游、乡土文化等新产业，2020年出台的《重庆市人民政府关于促进乡村产业振兴的实施意见》提出"培育壮大乡村产业、优化乡村产业空间结构、促进产业融合发展、推进质量兴农绿色兴农、推动创新创业升级"的乡村产业振兴路径。

需要特别指出的是，乡村振兴不能只着眼于乡村，而是应当从城乡关系中找寻乡村发展的内生动力。对于乡村产业振兴而言，也不能只依靠乡村内部的要素资源，需要融通城乡、贯穿一二三产业。都市农业作为紧密依托城市区位优势和资源的复合型现代农业形态，既是乡村经济的高级形态，也是城市经济技术的空间延伸，在乡村产业振兴中有着"近城拉乡"的天然优势，通过都市农业产业链条的纵横向融合，可以有效引导区域内部城市要素资源向乡村流动。此外，都市农业高度产业化、手段智慧化、功能多元化的发展趋势，无疑能为乡村传统产业带来产业技术、业态、组织、结构等方面的突破，推动乡村经济社会呈现出融合发展的态势，更好地实现乡村振兴战略要求。总的来说，都市农业天然优势在城乡不平衡更为凸显的城郊融合区域以及城乡要素不断流动融合的情况下能更好地显现出来，发展都市农业势必成为城郊融合区域乡村振兴战略实施的重要抓手。成渝作为西部重要的城市群，城市化发展进程相对滞后于东南沿海地区，有许多处于大都市周边区域的小城镇，是我国典型的城郊融合区域，由此可见，成渝乡村振兴需要更加重视都市农业产业的发展。

---

① 资料来源：《四川省"十四五"推进农业农村现代化规划》。

② 资料来源：https://baijiahao.baidu.com/s?id=1694483649934052532&wfr=spider&for=pc。

4.3.4 区域城乡融合发展需要都市农业

与国际上许多国家相同，我国城乡关系也经历了从乡育城市、城乡分离，再到城乡融合的阶段。21世纪初期，在认识到城乡二元结构所带来的"城乡病"后，我国采取实施城乡统筹发展、城乡一体化发展、城乡融合发展等系列措施，多项政策的转变体现出我国对城乡关系认识的不断深化，由简单强调政府在城乡发展中的统筹作用，转变至更加注重城乡双向融合互动和体制机制创新，通过营造发展环境推动城乡融合。特别是在党的十九大报告提出的乡村振兴战略中，首次将"城乡融合发展"写入党的文献，并在2019年发布的《中共中央　国务院关于建立健全城乡融合发展体制机制和政策体系的意见》中针对城乡在产业发展、公共服务、基础设施、居民收入等方面差距，从城乡要素合理配置、城乡基本公共服务普惠共享、城乡基础设施一体化发展、乡村经济多元化发展和农民收入持续增长5个方面建立起有利于城乡融合发展的体制机制，以期推动建立更好的城乡关系发展的政策制度环境。由此可见，我国城乡融合发展要体现"以人民为中心"的思想，其最终目的在于缩小城乡发展差距和居民生活水平差距，推动实现共同富裕。除了以政府为主导的公共性、公益性建设投入，无论是缩小经济发展差距还是缩小生活水平差距，从产业角度探索农村发展的多种可能性都是其中的关键。也就是说，农村产业与城市产业协同发展才能创造出对资源要素的内生吸引力，进而推动农业农村经济发展，为农村居民及农业从业者带来增收的可能。然而，如何在城乡二元差距下，推动农村产业的"崛起"需要解决两大关键问题：一是解决城乡之间生产要素的均衡供给问题。我国现代化、城市化发展路径的选择造成了城市区域对生产要素的"虹吸效应"，人、财、物等各类生产要素加速向城市流入，在成就城市"辉煌"的同时，造成了乡村的"衰败"，使得农村地区出现不仅难以吸引生产要素还难以留住生产要素的双重困境。二是解决工农之间生产效率的均衡增长问题。农业生产率低且无法在资源吸引中占据优势，一方面农业生产需要遵循自然生产规律及生产周期长的特点，难以大规模通过不间断的生产方式提升生产效率，另一方面小农经营与规模化生产的矛盾还未有效解决，农业规模化生产经营效益发挥水平不高，导致农业生产效率增长速度不高。城乡融合发展此关键问题的解决不是仅依靠相关政策环境打造就能实现，更重要的是要从农村产业内部进行突破。

就成渝地区而言，2021年出台的《成渝地区双城经济圈建设规划纲要》提出要以缩小城乡区域发展差距为目标，将成渝地区打造成为城乡融合发展样板区。除了强调要推动城乡公益性资源均衡配置和非公益性要素高效配置，也对城乡产业的协同发展提出了新的要求，即在盘活农村闲置资源资产的基础上，着力发展优势主导特色产业，打造城乡产业协同发展的先行区。《成渝地区双城经济圈建设规划纲要》强调农村产业打造在城乡融合发展中的重要作用，需要从提升生产效率、增加市场竞争力、强化产业特色等方面打造农业产业对城市资源要素的内生吸引力，以优势产业为抓手推动城乡资源的有效流动，探索破解我国城乡融合发展在资源要素层面的困境。为此，成渝地区需要寻找出一个独具特色的农业现代化产业路径，以城乡产业协同发展为抓手，构建"城乡融合发展样板区"的产业支撑。都市农业作为在一定城市化发展阶段下出现的新型现代农业业态，通常具有集约化、产业化、市场化的产业特点，对人才、资金、土地等各类要素资源的利用更加偏向于规模化，也具有更强的聚集力，不仅能够更好推动对农村闲置资源的盘活，其所处的特殊空间位置也造就了对城市资源吸引的独特区位优势，在产业现代化的发展中，此优势无疑会持续扩大。面对日益紧缩的资源利用压力，如何转变土地、水、光、空气等自然资源利用方式，实现"以更少的资源投入获得更多的产品产出"，也是在城乡产业协同发展过程中需要解决的问题，而这需要在资源更加自主流通的环境下才能实现。因此，发展都市农业不但能加快农村原有资源的盘活整合，也能产生对人才、资金等资源的吸引力，构建起推动城乡融合发展的要素资源自主流通渠道，更好地实现对农业产业资源要素的统筹利用。对于成渝地区而言，面对破解城乡融合发展中的资源有效流通及农业资源统筹难题的现实需求，发展都市农业无疑是一个可选择的路径。此外，垂直农场、设施农业、智慧农业等多种科技型的都市农业类型发展，推动着信息技术、遥感技术、物联网技术等在农业产业中的推广应用，在一定程度上能够调整转变农业生产的自然规律，通过技术以弥补农业生长规律的弊端，提升农业生产效率。如彩色LED光源、无土栽培、温度实时监测等先进技术在水稻种植方面的应用，成功实现植物工厂水稻生长周期的缩短，无疑为提升水稻产业的生产效率带来了可能。由此可见，未来成渝地区可以通过对都市农业产业的科学布局，引导先进科学技术在农业生产、管理、经营过程中的应用，实现对农业生产效率的提高，增强农业产业在资源吸收中的吸引力。

4.4　成渝地区都市农业发展体系初构

成渝地区都市农业产业体系的构建应当将提升产业竞争力作为出发点和落脚点，面对随着时代发展而逐步拓展和深化的产业竞争力内涵，正确把握现阶段都市农业产业竞争力内涵是构建优化成渝地区都市农业发展体系的关键。目前，全球正经历世界经济陷入衰退、国际地缘政治格局不稳定、贸易保护主义重新抬头，国际不确定不稳定因素增多，农业产业竞争力提升不再是简单的"低成本、差异化"策略，而是需要强调农业生产抵御各类社会经济风险冲击、损害和威胁的安全保障能力，也需要在开发经济条件下保持一定的市场竞争力和产业控制力，这也是成渝地区都市农业产业竞争的核心构成。具体而言，安全保障力是成渝地区都市农业产业竞争力的基础，除了食物数量和质量安全外，也包括社会稳定和生态环境安全；产业控制力是成渝地区都市农业产业竞争力的支撑，包括在核心技术、流通渠道、产品品牌等方面的主导能力；市场竞争力是成渝地区都市农业产业竞争力的具体表现，核心是通过利用更多的资源来产生持续的盈利，包括国内和国际两个市场竞争力[①]。

为此，成渝地区都市农业发展体系需要围绕其产业竞争力内涵的转变而优化升级。在全产业链融合发展的背景下，破除针对单一具体产业的发展框架限制，从更为宏观、融合的资源要素利用角度出发，对安全保障力、产业控制力、市场竞争力进行培育和提升，探索更具有统筹性、协同性、融合性的都市农业产业体系（图4-1）。结合对成渝地区产业发展趋势及都市农业发展趋势、重要性的判断，成渝地区应率先实现产业结构从生产主导型向融合主导型调整、产业场景从农旅融合型向城乡融合型拓展、产业策略从保障型向发展型转变、产业生态从政府主导型向政府服务型过渡（图4-1）。生态安全是成渝都市农业安全保障力的重要组成部分，是强化社会稳定安全和粮食供给安全的基础，在成渝都市农业发展体系中要将都市农业生态环境基础的打造放在首位。

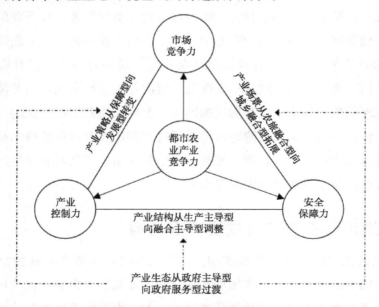

图4-1　成渝地区都市农业产业发展体系构建逻辑示意图

① 吴孔明，毛世平，谢玲红，等. 新阶段农业产业竞争力提升战略研究——基于产业安全视角[J]. 中国工程科学，2022，24（1）：83-92.

4.4.1　产业结构从生产主导型向融合主导型调整

基于"种业、生产、加工"等为核心的生产主导型产业结构，构建"从田间到舌尖"的全流程融合型产业逻辑。不断增强保障性生产能力，构建"从田间到舌尖"的食物供给全流程信息流，以信息支撑城乡居民的"米袋子""菜篮子""果盘子"的高质量保障，形成更加稳定和谐的城乡食物供应关系，夯实城市高质量发展和宜居生活的基石。

4.4.2　产业策略从保障型向发展型转变

在强化区域特色农业产业优势的"内生型"逻辑同时，实施"外向型"发展逻辑，将保障型、防御型策略转变为发展型、外向型策略。以共建"一带一路"为引领、围绕西部陆海新通道建设，将成渝地区农产品输出作为文化输出的重要载体，促进各地高效特色农业同川渝国际贸易、文化宣传、餐饮产业、食品工业等外向环节的合作融合，系统提升区域特色农业产业体系的国际竞争力。

4.4.3　产业场景从农旅融合型向城乡融合型拓展

根据不同城市间，城乡空间关系、经济联系、产业协同差异，按照"促进城乡要素互动，提升农旅融合水平，探索用农业科技丰富城市生活场景，孵化城市农业新业态"的思路，构建城乡要素交换新场景。结合各地特色农业产业基础，发挥农业农村生态文化价值，促进农旅融合，发展休闲农业。重视城市周边农业多功能场景的打造，承载部分城市生产生活功能，疏解城市资源环境压力。开发城市空间的农业功能，用农业科技改善和丰富城市生活，利用屋顶、阳台、地下空间发展城市农业，增强城市的食物自给能力和抗风险能力，塑造更多"三生"融合的高品质新场景和新业态。

4.4.4　产业生态从政府主导型向政府服务型过渡

围绕我国市场经济持续壮大发展的现实状况，合理调整"政府"与"市场"两只手在农业要素资源配置中的关系，转变现阶段直接给予农村资金等资源要素的政府主导方式，将政府功能定位过渡成产业生态环境打造的服务功能。从"人、地、钱、技"要素资源利用环境营造和农业农村社会服务体系构建两大方面，更好地营造成渝都市农业发展生态，增强成渝地区对都市农业发展主体的吸引力，推动成渝都市农业发展向市场化方向转型，以市场"优胜劣汰"方式实现都市农业发展体系的提质升级。

5 绿色发展：奠基都市农业生态环境基础

5.1 厘清都市农业资源基础与布局

都市农业作为一种现代农业新业态，虽然科技、设施、设备的利用让其空间环境约束限制得到缓解，但仍对资源和环境有较高的依赖性，保障其资源环境的生态安全是构筑起产业竞争力的关键，是反映都市农业可持续发展的刚性约束和决定性要素，重点是不能采取以牺牲环境为代价的产业发展路径，在发展过程中需要统筹考虑产业生态环境与生产效率，推动都市农业高质量和绿色化发展。具体而言，是通过技术、设施、设备等生产要素的升级，一方面提高土地、水等主要农业资源的利用效率，另一方面减少化肥、农药、废弃物等污染物对自然生态环境的影响，成渝地区未来可通过优化都市农业资源布局、发展绿色低碳循环产业、优化外部条件环境和强化相关管理治理机制等方式，推动成渝地区都市农业产业绿色生态化发展，构筑产业生态安全格局。

5.1.1 强化都市农业绿色发展基础数据支撑

都市农业作为与城市发展有密切联系的农业新业态，其内部资源利用情况以及对生态环境的影响也更为复杂，实现区域都市农业的绿色生态发展，需要以农业资源基底数据作为支撑与指导。为此，需要在前期摸清成渝地区现阶段农业资源状况，了解区域农业要素资源变化情况与趋势，形成夯实可靠的都市农业资源数据基底，这是推动都市农业高质量绿色发展的基础性工作。农业农村部颁布的《农业农村部办公厅关于做好2018年国家重要农业资源台账制度建设工作的通知》中，要求建设重要农业资源台账制度，健全农业资源监测体系，开展重要农业资源评价工作，为成渝地区都市农业绿色发展基础工作开展提供了参考。

一方面，需要对水、土、气、生、农业废弃物等农业资源数据进行采集、整理、归纳、统一，以全面系统了解成渝地区都市农业资源底数与利用状况，并为后期资源状况的基础评估提供数据支撑。首先，制定统一的数据采集范围、标准与规范，保障各地区所采集的数据能够共通共用。关键在于根据成渝地区都市农业发展特点特征，在包括农业水资源、气候资源、土地资源、生物资源、农业废弃物资源等传统自然资源基础上，也要考虑设立交通资源、科技资源、人力资源、市场资源等对都市农业发展有较大影响的农业社会经济资源。同时，也要对每项数据所内含的空间地理、社会关系、行政关系、经济关系等信息内容与范围进行规范。其次，都市农业资源数据采集后，需要根据实际变化情况进行适时的更新，以降低数据资源与现实状况的差异。根据成渝地区都市农业生产周期，应用遥感、物联网、互联网等信息技术手段，建立适应成渝地区都市农业评价的农业资源监测体系。此外，建立都市农业相关农业资源基础数据库以及多部门协同合作的都市农业相关农业资源共享机制，最终实现成渝各区域数据的共享、利用与分析，搭建数据录入、提取、分析的共享利用平台就显得十分重要。

另一方面，在拥有符合实际状况的都市农业资源基础数据后，根据成渝地区都市农业特征，合理设置保护自然资源与社会经济资源的系统性都市农业资源承载力评价指标体系，对农业资源变化状况进行检测、分析、评价，以掌握成渝地区都市农业资源质量水平状况与变化趋势，更好地推动区域都市农业绿色发展功能区划定及生产力布局。在此基础上，应当对成渝地区都市农业资源承载力有显著性影响的因素进行细致分析，形成后期都市农业环境保护与利用的理论支撑。除了计量上的数据分析外，也需要对外围的政策环境进行完善，要完善成渝地区都市农业资源环境承载力的制度，对制度所应担负的促进社会经济协调可持续发展的功能进行合理定位，并以此为依托设置制度运行逻辑，充分发挥政府、群众等社会主体的主动性，保障成渝地区都市农业资源承载力评价工作的顺利推进。

5.1.2 探究都市农业绿色发展功能区制度

无论是何种形态的农业产业，都需要依托一定的自然、社会、经济等资源基础来完成生产行为，而只有与资源状况相匹配的农业生产才能实现农业资源的利用最大化，即在实现农业生产经济、社会目标的同时，也保障了农业生产生态目标的实现。为此，需要在了解成渝地区都市农业资源禀赋的基础上，围绕城乡生活对都市农业生态绿色功能的差异，合理划定都市农业绿色发展功能区，并明确细分各功能区内部除生产功能以外的生态功能，保障成渝地区都市农业生产、生态功能的协同发展。

早期农业生产活动通常发生在资源禀赋相对丰富的地区，在技术水平还不足以改变农业生产的自然环境时，肥沃的土地、优质的水源、充足的阳光等自然资源状况直接决定了农业生产水平。随着农业科学技术的持续发展，虽然自然资源禀赋决定农业生产水平的影响占比逐渐减少，但农业的自然性以及设施农业的高成本性使得其对农业生产水平的影响力一直存在。都市农业生产、生活、生态等多元功能的表达也受到区位空间的影响，如离城市较近区域的都市农业更加关注都市农业的食物保障与环境生态功能的协同，反之则只更加关注食物保障的功能。为此，根据区域自然资源禀赋与城乡空间区位对都市农业绿色发展功能区进行划定，推动资源条件与生产行为的匹配吻合，从而整体提升成渝地区都市农业生产、生活及生态效益水平。2017年，中共中央办公厅、国务院办公厅印发了《关于创新体制机制推进农业绿色发展的意见》提出立足水土资源匹配性，将农业发展区域细划为优化发展区、适度发展区、保护发展区，明确区域发展重点，成渝地区各地也为此根据区域内部的资源状况进行了农业功能区划分，可在此基础上增加城乡空间区位对都市农业"三生"功能的差异性表达影响，在优化发展区、适度发展区、保护发展区内部依托都市农业生态功能表达的差异化需求，对都市农业绿色发展功能区进行划分。

成渝地区根据自身的农业生产历史与特色，围绕农业生产功能的表达需求，推进粮食生产功能区、重要农产品生产保护区的划定，明确各类发展区内部的生产功能。在此基础上，进一步围绕成渝地区都市农业绿色发展功能区划分结果，从休闲体验、环境改良、生态保护等不同农业生态功能需求角度，对区域内部的生态功能进行明确，在功能区内部形成生产功能与生态功能融合发展的区域都市农业，并围绕此要求指导都市农业技术、资料、方式、模式等的投入或实施，保障区域都市农业高效、绿色协同发展。

5.1.3 探索都市农业绿色生产力布局制度

农业长期"高投入、高消耗、高污染"的传统生产方式，造成了农业生产资源透支与过度开发等生态环境代价，面对生态文明建设的现实需要，都市农业作为成渝地区农业产业现代化发展的新路径，需要在都市农业绿色发展功能区划定基础上，围绕解决空间布局上资源错配和供给错位的结构性矛盾，合理布局与资源、技术、人力等要素有较高匹配度的都市农业绿色生产力布局，为保障成渝地区都市农业优良生态环境提供引领与支撑。

成渝地区农业生产已经发展到一定水平，面对日益激烈的国际国内农产品市场竞争，绿色生产力已经成为推动现代农业高质量发展的重要引擎。绿色生产力是农业经济发展到一定程度后才出现的"产物"，只存在于有生态环境保护目标或需求的区域，即绿色生产力"意识"的产生需要一定条件。而且，不同区域对生态环境保护需求范围与强弱各有不同，对绿色生产力的强弱程度也会有所不同，这与区域的自然地理或经济地理条件有关。因此，成渝地区都市农业绿色生产力以极核城市与生态保护区为核心，从内到外的构建圈层式都市农业绿色生产力布局。在靠近极核城市与生态保护区的区域，布局技术含量高、绿色手段强、控制力高的设施型都市农业，如植物工厂、垂直农业等；在距极核城市与生态保护区有一定距离的区域，可采取系统整体改善的方式，加大农业绿色生产技术投入，降低现代农业生产对生态环境的影响，如生物防控、资源循环、土壤改善等；在远离极核城市与生态保护区的区域，以降低农药、化肥等化学物质投入及改善环境的基础建设为主，降低对农业生态环境的污染程度。此外，成渝地区都市农业绿色生产力布局也应当充分考虑城乡空间区域位置的差异所产生的对生态功能需求的不同，合理选择都市农业绿色发展方式与场景展示模式，对产业链后端加工、物流、仓储等产业进行适度取舍。

基于极核城市与生态保护区为核心的圈层式都市农业绿色生产力布局状况，围绕成渝地区都市农业绿色产业链延伸与产业融合业态再造需求，推进科技、人才、资金等各类要素聚集的载体建设，形成都市农业绿色生产力合理布局的外围支撑。加强农业科技创新中心建设，开展都市农业绿色发展所需的种业、技术、设备、数据、场景等研究，增强区域都市农业绿色生产力水平。完善社会化服务平台建设，围绕成渝地区都市农业绿色发展需要，精准提供相应产业建设服务，推动农业功能区内部产业要素的转化应用。推动都市农业设立发展试验区，围绕成渝地区都市农业发展趋势，制定都市农业绿色生产力提升工作计划与项目建设计划，建立和完善示范区管理办法与考核指标，开展示范区建设考核工作，以确保示范区发挥带动作用。

5.2 推动都市农业产业绿色低碳循环发展

要真正实现都市农业的绿色低碳循环发展，需要从农业生产资源投入前端到农业产品消费后端全流程的调整改善，基于区域农业自然、社会、经济等基本条件，采取适宜的利用方式、技术手段、政策制度，从全产业链的角度推动产业整体绿色生态发展的转型升级与改善。

5.2.1 推动资源绿色高效节约利用

面对长期以来"大量生产、大量消耗、大量排放"的传统粗放农业生产方式，成渝地区农业经济发展逐渐受到生态环境的限制。长期实施"高投入、高产出"的农业发展目标，导致耕地资源长期、持续的高强度、超负荷利用，农药、化肥等化学物质投入水平不断提升，导致耕地地力不断下降，影响区域农业生产水平。此外，水资源是农业生产的关键资源，但成渝地区水资源存在空间布局不均匀、季节性缺水与当地总量紧缩的问题，重庆市人均占有当地水资源量约1 700m³，约为全国人均水资源量的4/5，世界人均水资源量的1/5，农业水资源的高效节约利用也将是推动成渝地区都市农业绿色发展的有效路径。

我国长期以来实施耕地占补平衡制度，成渝地区耕地面积基本处于稳定的状态，但常出现补充耕地质量等级低于占用耕地质量低级，导致耕地质量处于较低的水平，既影响了农业生态环境的可持续发展，也制约了农业产品的品质提升。为此，提升耕地质量已成为成渝地区耕地保护利用的关键。形成养用结合的耕地资源生态利用路径需要做到以下几点：首先，要持续推进高标准农田建设工程，在农业生产重点区域推动高标准农田的集中成片建设，重视耕地质量检测验收标准与制度的完善，推进高标准农田绿色示范区建设，以改善区域耕地质量水平状况。其次，以稳定耕地肥力水平为开发利用要求，探索应用保护性耕作、种养循环、土壤改良等综合配套技术，缓解耕地开发利用对土地肥力的损耗，实现对耕地资源的"保育式"利用。再者，对于土壤污染与酸化严重的耕地，要严格开展耕地轮作休耕制度，通过长期的土壤改良与耕地休耕方式使其逐步恢复可耕种能力。在对耕地数量监测的同时，也要重视耕地质量的持续监测，搭建能反映农业生态环境保护的耕地质量监测和等级评价制度，完善耕地质量监测体系，推动耕地质量监测工作持续化与常态化。

化肥和农药的使用为我国农业生产带来了质的飞跃，但有害物质在土壤、植物、水资源中的长期积累沉淀也对农业生态环境造成了大量不良影响。随着生态文明建设的推进，以大量化学品投入来保障农业产量的做法会逐渐被取缔，健全农业投入品减量使用制度势在必行。在种植业方面，改良农作物信息数据获取技术，精准实时获取水、肥、药需求量，研发应用高效新型肥料、低度低残留农药，转化应用可控制、可定量的水肥一体、机械施肥等施肥技术，普及推广种子包衣、药剂拌种、带药移栽等病虫害预防技术，推动农资企业规范建立农药生产经营管理制度，严格执行限制使用农药定点经营制度，避免农药、化肥滥用对生态环境造成影响。在畜牧业方面，加强饲料添加剂使用规范控制，建立健全违法使用饲料添加剂的监管与处罚制度，开展兽用抗菌药减量使用示范创建活动，逐步禁用促生长兽用抗菌药。在农业用水方面，加快中小型水坝、水库等蓄储水工程建设，推行农业灌溉用水总量控制与定额管理，推进高效节水灌溉工程建设，推广农业综合节水技术示范应用，重点要推动节水灌溉工程中"毛细血管"的建设利用，缓解成渝地区都市农业用水压力。

5.2.2 推动农业废弃物资源化利用

农业废弃物伴随农业生产行为而产生，若不对其进行及时有效的处理，会对周围的生态环境造成负面影响，若推动其资源化利用，将"废物"转化为"资源"，既能有效解决农业废弃物污染问题，也能提高农业资源的利用效益。除了畜禽粪便、作物秸秆等可资源化利用的废弃物外，农业生产还会产生地膜、包装等不可资源化利用的废弃物，需要建立起可实施、可操作的回收利用制度，以减少此类废弃物对农业生态环境承载造成的压力。城市化的快速推进与发展，加快了城乡间要素的流动，农村在向城市导入资源时，城市也在向农村转移污染，给农业生态环境造成了很多不可逆转的影响。为此，除了解决农业内部产生的污染源外，也要重视农业外围环境带来的污染问题，保障农业生态环境的可持续。

秸秆作为一种生物质资源，是目前资源化利用水平相对较高的一种农业生产副产品，主要以粉碎还田的方式实现肥料化利用，在一定程度上有效改善了土壤结构、增加了土壤养分、减少了环境污染，但若还田方式不当也会增加对大气、土壤、植物的负面影响。一方面要加快改善升级秸秆还田方式，推广试点过腹还田技术，将秸秆中的无机物、有机物、纤维、蛋白质等营养物质转化在动物粪便内，提升农作物对营养物质的吸收率，降低秸秆携带的虫卵或细菌对农作物的病虫害影响。另一方面，探索秸秆肥料化、饲料化、基料化、能源化、原料化等多元利用方式，完善秸秆厌氧反应产生沼气的能源化技术，推广秸秆粉碎制作畜禽饲料方式，探索秸秆食用菌生产用途，实践秸秆制作新型板材、建筑材料、生物制油、秸秆清洁制浆，扩大成渝地区秸秆资源化利用范围。同时，可通过设置估价方式、搭建交易平台、健全交易程序、建设回收仓储体系等，强化秸秆商品市场基础，推动秸秆资源商品化发展。

成渝地区畜牧业作为农业中占比较高的产业，对畜禽粪污综合利用方式与途径也进行了大量探索，重庆市畜禽粪污综合利用率更是达到了92.8%，远高于全国平均水平。但实现畜禽粪污资源化利用的多以养殖场等规模化养殖主体为主，需要加快探索养殖散户畜禽粪污集中处理路径与机制，鼓励在养殖较为集中的区域建立粪污处理中心，探索建立受益者付费、第三方处理企业和社会化服务组织合理收益的运行机制，在有条件的地区，鼓励推广政府和社会资本合作（PPP）模式。现阶段以就地还田和异地还田为主的粪污处理方式，在一定程度上造成了粪便中抗生素对土壤、水体的污染。因此，在饲料端控制抗生素使用量的同时，要加快探索畜禽粪便中抗生素高效去除技术与无抗生素养殖技术，推动畜禽粪污的无害化循环利用。

此外，对于地膜、包装等不可资源化利用的农业废弃物，也要加强监督管理以降低其对农业生态环境的影响。政府根据农业发展与环境保护的需求，制定生态友好型的农用薄膜标准，合理引导农户或新型经营主体实现农用薄膜的科学选用，鼓励或补贴使用技术成熟、可降解、无污染的新型农用地膜。同时，推广集中育秧育苗、水稻直播、果园生草、秸秆覆盖栽培等农田地膜减量替代技术，降低农业生产过程中的农用薄膜使用。此外，推动地膜、包装等废物的集中回收处理也是降低人为污染的优势途径，要加快建立健全广大农户捡拾交售、回收网点积极收集、龙头企业加工利用的农田残膜回收处理体系，建立健全农药包装废弃物回收和集中处理体系，培育第三方专业回收处理社会化服务组织，提高农用薄膜、农药包装等废弃物回收率。

5.2.3 推动农业加工生态绿色化转型

农业加工作为农产品生产的关键环节，我国农业加工业的规模与投入在持续扩张与增加，由于资金、技术等要素支撑不足，以及相关企业人员环境保护意识的缺失，在生产过程中产生的废气、固体废弃物及噪声等对环境造成污染。近年来，由于环保意识觉醒与技术设备升级，农产品加工废弃物对农业生态环境的影响在降低。但农产品加工过程中逐年增加的副产物数量并未实现有效利用，2014年5.8亿t的粮油、果蔬、畜禽、水产品加工副产物，有60%直接作为垃圾丢弃或简单堆放，不仅造成资源的浪费，还增加了环境保护的压力[①]。此外，不合理的农产品初加工与精深加工生产力的布局会降低农产品品质，造成对农业生态资源的浪费。为此，推动农产品初加工、精深加工及副产物综合利用协调发展，形成"资源—加工—产品—资源"的循环发展模式，是加快推动成渝地区农业加工业绿色生态化转型的重要路径。

农产品加工副产物利用率低下主要是因为相关环节技术和装备水平偏低且尚未形成较好的副产物回收、集中、加工机制，从而无法推动农产品加工副产物的规模化加工与综合利用。针对技术装备水平低下的情况，开展成渝地区特色产品加工副产物综合利用技术与设备研发，特别要增强成渝地区水果加工所产生的皮、渣、籽、壳等副产物的利用技术与设备研发，并同步更新水果加工副产物综合利用方式，对实用性强的新技术与新设备进行集成、示范和推广。此外，为推动区域内部农产品加工副产物利用的集群化程度，一方面，创建一批农产品加工副产物综合利用企业与园区，引导各类主体开展各类农产品加工副产品的集中、回收与利用。另一方面，培育引进一批社会化服务主体，鼓励开展情况调查、技术咨询、集中回收等农产品加工副产物综合利用服务，引导成渝地区农业加工业向绿色生态化有效转型。

合理布局农产品初加工与精深加工生产力，能够有效减少农产品转化为商品过程中前端的损耗，推动农业加工产业向绿色低碳循环方向发展。一是要加强农

---

① 资料来源：农民日报《农产品加工副产物损失惊人综合利用效益可期》。

产品产地初加工生产力布局，支持引导家庭农场、农民专业合作社等新型农业经营主体，合作建设一批集中连片的冷藏库、保鲜库、烘干房等农产品初加工设施设备。针对玉米、小麦、马铃薯等耐储类农产品，重点发展烘干、储藏、脱壳、磨制等初加工生产力；针对水果、蔬菜、奶制品、水产等鲜活类农产品，重点发展预冷、保鲜、冷冻、清洗、分级、分割、包装等商品化初加工生产力，有效延长农产品供应时间，缓解农产品产后损耗、品质品相下降等问题，减少由于储存不当导致农产品腐败变质，造成农村环境污染及相关安全隐患。同时，农业经济发达区域适度拓展农产品初加工范围，针对食用类产品可探索发展清洗、分级、包装、发酵、压榨、干制、腌制等初加工生产力；针对非食用类产品可探索发展切割、粉碎、拉丝、编制等初加工生产力，提升发展终端消费需求类初加工能力。二是要改善农产品精深加工生产力布局，加快绿色高效、节能生态的农产品精深加工技术的升级与应用，鼓励农业科技型企业创新超临界萃取、超微粉碎、蛋白质改性等绿色生态技术，支持区域老旧农产品加工园区淘汰污染严重、能耗水耗超标的落后产能，实施农产品加工生态循环化改造，推广应用高效、节能、环保的农产品精深加工设施设备，推进农产品加工园区内部实现清洁生产和节能减排。

5.2.4 推动农业流通高效绿色化转型

农业流通是连接农产品生产与消费的重要渠道，是农业现代化产业链中的关键一环，然而我国现阶段的农产品流通受到市场信息、设施设备、储藏技术、运输手段、功能布局等多种因素的制约，难免在农产品物流、运输、消费过程中出现非经济、非生态情况，也常常出现生产者剩余与消费者剩余并存的矛盾情况，甚至出现对周边生态环境的污染和破坏问题，制约农业绿色生态发展。一方面，冷链物流等农业物流基础设施是保证农产品高质量运输的关键，而我国农业物流体系的建设还相对滞后，采后预冷率仅为5%，远低于美国的60%～80%，果蔬产品在"最先一公里"的损耗率高达15%～25%[①]，而相关保鲜冷藏技术的落后也加剧了我国农产品在转化为商品前的浪费。另一方面，高效的农产品流通体系布局是缩短农产品运输距离、降低农产品运输成本、减少农产品运输耗能的有效路径，能更好、更快地实现农产品供给方与需求方的有效对接。然而，成渝地区农产品市场数字信息收集滞后，农业流通体系布局与市场交易资源的匹配程度还有待提高，需要降低农产品在流通环节的无效能耗与产品损耗。

---

① 资料来源：2020年国际欧亚科学院院士、农业农村部规划设计研究院原院长朱明大致测算。

农业流通体系向绿色生态化转型需要注意的就是要减少运输过程中的损耗，通过减少农产品流通运输过程中的浪费，缓解食物损耗所带来的资源浪费与生态问题。农产品运输流通过程中影响其损耗程度的主要因素是温度，温度每上升10℃会提升食物降解2～3倍的速度，而温度每下降10℃会延长易腐食物保质期1倍左右[①]，由于产品包装、运输设备、品种特质、流通方式等多个原因，因此需要在多个方面共同发力以缓解农产品运输过程中因保存不当而造成的运输损耗。

目前，我国农产品流通中包装多采用麻袋、塑料编织袋等简单方式，对农产品所能起到的保护及保鲜作用微乎其微，可能使农产品因撒漏、污染及雨水侵蚀等原因而造成浪费。成渝地区可根据区域特色农产品性质，探索建立农产品运输包装提升改善方式与途径，针对蔬菜、生鲜、肉蛋等易损易腐类产品，可增强包装的抗摔打与抗氧化能力，通过适度改良农产品包装方式或材质，降低因包装不当所造成的农产品运输损耗。

此外，在农业电商经济快速发展的今天，农产品运输更加讲究安全、高效、精准，而冷链物流、冷鲜库等先进保鲜、储藏、运输基础设施的建设覆盖是其中的关键，如印度因相关基础设施建设落后，大约有40%的食物在进入消费环节前就已开始腐烂变质[②]。成渝地区应充分梳理两地区域范围内的冷链物流、冷藏库等设施资源状况，根据区域特色农业产业功能分区，依照"补齐"与"提升"的"两手抓"原则，探索研究适宜成渝地区特色农产品运输流通的冷链保鲜技术，加快推进区域农业专用的冷链物流设施建设提升，扩大区域农产品冷链运输覆盖率，增强农产品流通过程中的保护保鲜能力，减少区域农产品运输过程中因保存不当造成的损耗。

同时，可在对各农产品市场供需情况进行分析的基础上，优化区域农业冷链物流产业的规划布局，构建与市场交易状态相匹配的农业冷链物流体系，减少农产品运输流通距离甚至无效运输，降低农产品运输流通能耗与环境影响。农产品批发市场作为传统的农产品销售渠道，要支持大型农产品批发市场向生态化、绿色化方向改造升级，改善和优化市场的运营管理模式，降低农产品销售过程中的浪费。也可以借助农业展会、营销推介活动等新型流通渠道，推动实现成渝地区农产品产销的高效对接，减少中间交易环节以避免造成浪费。

除了外在客观条件，农产品本身的抗腐性、抗摔性等性质也是影响农产品运输流通损耗的关键性因素，可以根据市场中消费者习惯偏好的变化趋势，研发创新一

① 资料来源：KITINOJA L. Use of cold chains for reducing food losses in developing countries[R]. USA：The Postharvest Education Foundation，2013：3.
② 研究报告：Why wasting food is bad for the planet.

批适宜现阶段农产品运输流通的新品种，缓解因产品本身所造成的运输流通损耗。

5.2.5 引导农业消费节约绿色化转型

成渝地区作为西部经济发达地区的代表，在面对"创新、协调、绿色、开放、共享"新发展理念的基本要求下，其都市农业必将会向更加高效率、可持续的体系方向发展。为此，除了要重视都市农业生产、加工、流通阶段的高效、绿色、生态发展外，市场消费作为与消费者联系最为紧密的环节，作为实现都市农业产品商品化的最终环节，也应当根据社会经济发展大趋势向节约、绿色、高效方向转型，通过改变产品形式、购买方式等，引导消费者形成更加低碳节约的农产品消费习惯，对都市农业前端环节转型升级形成"倒逼之势"。

随着我国经济的快速发展，人民生活质量水平持续提升，加之家庭成员结构与生活方式的不断变化，居民购买和消费农产品的习惯也在潜移默化中发生改变。然而，目前农产品销售形式仍以简单的单种产品重量或数量为主，虽也有以半成品形态的产品，但占比较少且多以肉制品为主，无法满足独居青年、年轻夫妻等小单位家庭对营养、健康、均衡、便捷饮食的需求，在相关食材购买、储存、制作等过程中可能会出现非本意的浪费。为此，成渝地区都市农业可通过改变产品形式或购买方式来缓解消费端的浪费问题，一方面，根据青年、中青年、中年、老年等不同年龄阶段和不同经济水平的消费群体饮食习惯，探索试点蔬菜、水果等非保供性特色农产品的分级销售方式，通过不同品质农产品的精准化销售以缓解农产品在消费端的浪费。另一方面，快节奏的生活方式影响着居民的饮食习惯，在日常生活中更加追求快捷、便利的饮食方式，且对饮食的健康、绿色等品质有一定要求，为此研究开发以具体菜品制作需求为主的组合型食材产品，试点各类食材按需定量的日常消耗农产品销售方式，引导形成健康、适度、便捷的家庭烹饪饮食习惯，减少农产品在市场消费端的浪费情况。

5.3 强化都市农业绿色发展外部条件

都市农业作为由技术支撑的、受人为行为影响较大的产业，是内嵌于整个社会产业发展大背景之下的，要最终实现绿色低碳循环发展，离不开先进意识、科学技术、平台载体、标准体系等外部条件的有效支撑，只有将这些外部影响因素"调配"至适宜状态，才能让成渝地区都市农业生产、加工、流通、消费体系实现整体协调转型升级，达到绿色生态发展的最终目的。

5.3.1 树立农业绿色发展意识

都市农业生产作为一种人为主观行为，管理者、经营者与消费者的意识会对区域都市农业的生产、加工、流通及消费等环节产生影响，并直接影响各环节是否实施、何时实施、如何实施、实施多久。而人们意识的形成又是与社会文明、经济、制度发展进程与速度相关联的，农业乃至都市农业的绿色生态发展意识也不例外。早期农业发展的目的在于保障国家的粮食供给，是以提高粮食产量为主要目的，采取的耕作方式更加注重短期收益，其中化肥、农药等生产资料对提高粮食产量起到了不可忽视的作用，改革开放后的贡献率达到了20.29%，化肥施用量从2009年的5 239.2万t增长至2014年的5 911.7万t[①]，造成的环境污染问题不断加剧。随着社会经济水平条件的改善，人们生态环境保护意识的"苏醒"，健康生活品质要求的提升，"两山"理论建立与推广，让人们开始意识到农业生态环境保护的重要性，以产量为核心的农业耕作方式逐步转变，更加重视农业生产资源与资料投入使用方式的环境友好性。为此，引导形成良好的绿色生态发展意识对成渝地区发展生态保护型的都市农业具有十分重要的作用，需要围绕管理者、经营者与消费者在都市农业产业发展中的作用与功能，采取差异化的都市农业生态意识树立强化方式，形成"三位一体"的区域都市农业绿色生态化发展意识形态。

农业农村局等政府部门作为都市农业规划、布局、发展的"指挥者"，其对都市农业的发展理念直接决定了区域都市农业发展的方向与重点，因此，树立强化管理者与社会、经济、生态发展规律相符合的都市农业发展意识，是保障区域都市农业稳定、持续、高效发展的关键节点。近年来，成渝地区都市农业逐步向"绿色化、标准化、规模化、品牌化"方向发展，出于占领市场消费新高地的目的，政府相关农业管理部门领导人也十分重视绿色产品的生产与打造，但更多的只是关注产品生产这个行为，并未形成整体的农业全产业链绿色化、生态化发展意识，相关理念的应用过程中也不可避免地出现断裂，无法更统筹地引导、指挥区域都市农业绿色、生态发展。为此，需要系统性地增强都市农业管理者的相关绿色生态发展意识，更好地引导成渝地区都市农业向绿色化、生态化转型发展。一方面，从全产业链绿色生态发展的需求出发，定期开展以农业主管部门领导干部与主要职员为主的学习活动，学习包括育种、资料投入、生产加工、包装存储等产业环节的先进技术与理念，引导相关都市农业管理者形成系统性的都市农业

---

① 王恒，刘洪宇，杨娟娟. 我国化肥施用量变化趋势及对环境的影响分析[J]. 中国农业信息，2016（1）：3-4.

绿色发展意识与理念。另一方面，通过调整和完善政府职员考核评价体系，适度增加农业资源生态化利用、农业生产方式生态化转型、农业生态化技术应用等多个都市农业绿色发展评价指标，有序开展任职前、任职中与离职前各阶段考核，"倒逼"管理者形成自发自主的都市农业绿色生态发展意识。

农业经营者作为农业生产的直接"操刀者"，其相关发展理念与意识直接决定了其在农业生产行为中的具体表现，在成渝部分区域因经营者理念和意识的差异，出现政府领导者大力宣传推广农业生态绿色技术，而实际经营者常出于对成本及短期利益的考虑，在生产、加工、存储、运输等产业环节不使用或部分使用所推广的生态绿色技术，无法真正地实现都市农业全产业链的绿色化发展。为此，转变农业实际经营者的生产管理观念与意识，能最大限度地保障都市农业生态绿色技术的应用，形成良好的都市农业绿色发展氛围。因此，需要通过教育宣传的方式构建农业经营者正确的农业绿色发展价值认知，在政府补贴制度、法规约束等激励政策与经营者绿色生产行为之间发挥中介作用，使其产生更好的正向性引导。具体来讲，需要采取通俗易懂的方式开展政策与案例宣传，一方面，要将农业绿色生态技术应用的经济效益与生态效益有机结合，更好地拓展经营者对绿色生态农技的功能属性认识，促进经营者形成正确的农业绿色生产价值观点，而提升其采纳使用绿色生产技术的积极性。另一方面，要对农业发展面临形势、农业生态环境状况等内容进行宣传，培养经营者的危机意识，在提高经营者科学认知能力的同时纠正经济利益至上的错误思想认识。在构造了农业经营者正确的农业绿色发展价值认知后，需要通过实施政府激励型政策手段实现对其的巩固与增强，如创新发展以农业绿色生产为导向的绿色补贴，对开展农业绿色生产的经营者实施合理补贴，也可合理利用市场对优质绿色农产品需求制定相关激励政策，通过"主动"与"被动"激励之间的相互融合，进一步提高经营者采取绿色农技的可能性。

消费者作为农产品的最终使用者，其对产品的偏向与要求变化会直接影响都市农业产业的发展方向，这种变化一方面受到社会经济发展水平的限制，另一方面也与消费者自身生活理念、意识相关联。如在我国早期经济水平偏低的时期，消费者购买农产品更加偏向于量大、实在、实惠的产品，随着经济水平的逐渐提升，消费者偏向于购买富含更多营养物质的食物，而随着健康、有机生活理念的萌发，消费者在购买富含更多营养物质产品的同时，也开始关注产品生产过程中投入品、技术手段、生产者等因素，更加重视产品的整体质量水平，也影响着我国农业产业向高质量方向发展。因此，可以通过一些正向引导手段，培育消费者绿色消费观念，通过从市场需求层面的转变"倒逼"农业生产层面的转变。现阶段，市场消费者内部已对绿色有机食品有了一定认识，但目前相关产品标准体系尚未建立，导致有机农产品市场中的产品鱼龙混杂，消费者因无法对产品进行有效辨别而不能将绿色消费理念转变为实际的消费行为。为此，需要加快制定具有实践意义的绿色有机产品生产、加工、运输、存储、销售等标准体系，构建覆盖主要农产品的质量安全追溯体系，以品质保障推动消费者绿色消费理念的转化。此外，也要重视对健康有益的绿色消费理念的宣传推广，更好地让消费者了解绿色有机食品对生态环境保护的贡献，增强有一定经济水平的消费群体的消费积极性，影响都市农业绿色产业体系的建设（图5-1）。

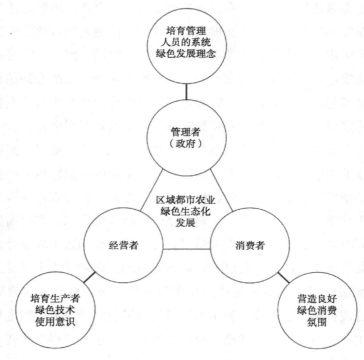

图5-1　"三位一体"的区域都市农业绿色生态化发展意识形态

5.3.2　优化绿色科技创新应用体系

　　都市农业绿色发展兼具"绿色生态"和"农业发展"两项任务，是在保障都市农业产业现代化发展的同时，实现农业生产对环境负面影响的最小化，而先进农业科技都是其中的核心要素，只有最大限度地推动适宜农业科技的创新、应用与推广，才能为有效完成"两项任务"提供保障。我国绿色农业技术的应用已有30余年，在生态文明建设中取得了一定成就，从农民盲目使用农药化肥到无机肥料技术的应用，从不知如何解决害虫到使用生物防治技术来消灭害虫，农业生产行为对生态环境的影响程度呈现出减弱的趋势。但我国农业技术的应用转化水平与国外部分国家或地区相比偏低，主要原因在于科技创新成果与产业发展需求之间缺乏有效衔接，通过优化完善农业绿色科技的创新与应用体系，引导农业科研院所的科技创新行为更加符合市场需求，保障农业绿色科技转化推广队伍提供更好的服务，为都市农业绿色生态化发展提供有力科技支撑。

科技创新是成渝地区都市农业绿色生态发展的基本"动力源"，两地农业科研院所、科技型农业企业针对都市农业绿色发展技术需求，开展了一定的科研研究工作，也创制了大量的绿色农业生产技术与生产资料，但在实际使用过程中常常因为使用成本高、效益周期长、效果差异不大等原因，导致都市农业实际经营者对先进绿色技术应用积极性不高，降低了科研成果在实践中的应用转化水平。因此，成渝地区都市农业绿色科技创新体系应当按照市场经济原则进行优化完善，除部分前瞻性、战略性研究外，引导基础性、应用性农业绿色科技创新行为与市场实际的技术需求、效益需求、发展需求匹配，从创新源头保障成渝地区都市农业绿色科技转化应用水平的提高。具体而言，在成渝地区现有的"集成攻关+园区（基地）示范"的农业科技创新体系基础上，在体系前端植入市场需求与技术效益分析环节，适度考虑不同应用规模下的科技创新应用成本与效益间的关系，增强市场技术需求、规模需求与效益需求对相关技术研发创新的指引，强化成渝地区都市农业绿色科技创新行为的经济性。

目前农业技术推广服务更多是以现场示范、政策宣讲等单一、短期方式进行，不能很好地向技术实际使用者展示该技术应用所能带来的生态效益与经济效益，导致农技推广服务工作的实际作用达不到理想状态。成渝地区可根据农业经济水平、农村从业者素质、农业新技术接受程度等多个方面综合考虑，合理选择多个适宜区域开展以技术应用的实际多元效益为核心的农技推广服务体系改革。通过建立长期稳定的农业绿色科技试验示范基地，以年为周期收集整理技术应用过程中的农业产量、成本、收益、利润等经济数据，合理制定试验示范技术的经济效益与生态效益分析指标与模型，按照不同区域条件、规模条件、经济条件开展相关分析，形成夯实可靠的技术效益分析材料。以此为基础合理设计基层农技推广方式与宣讲内容，改变现有的以现场示范、政策宣讲等单一、短期方式，以实际数据增强技术应用效益的说服力，引导农业经营者更合理地选择适宜自身经济状况、产业发展、区域条件的绿色技术，增强国内外先进品种、技术、设备的转化应用效率。

现阶段成渝地区都市农业科学技术推广仍主要依靠政府等公共服务部门完成，该模式在社会主体发展不充分的早期，有效解决了区域农业科技应用转化难的困境，但随着企业等社会主体的不断积累与发展，与市场的紧密联系特质优势逐渐发挥出来，通过把握都市农业科技市场实际需求以指导统筹研发行为，使得科技创新行为与转化行为的"割裂"情况得到缓解。因此，未来在优化完善成渝地区都市农业绿色科技创新应用体系时应当重视企业等社会主体在其中的核心作用，赋予科技型农业企业在科技创新与推广应用中更多自主权利，相关农业绿色科技创新资金、人才等资源支持适度向其倾斜，逐渐将政府等公共部门功能限定在前沿研究与统筹服务之中。同时，在有一定经济实力的地区探索依托农业绿色科技成果转化应用的生态效益评估试点，并根据评估结果与实际贡献大小给予相关主体相应奖励或补贴，在全社会逐渐引导形成生态贡献氛围，激发企业参与都市农业绿色科技研发与转化的积极性。

5.3.3　优化绿色农业标准体系

目前我国农业标准体系基本贯通了从农业产地环境、投入品、生产规范、产品质量、安全限量、检测方法、储存运输等全过程，形成了以国家和行业标准为骨干、地方标准为基础、企业标准为补充的农业标准体系框架[①]，但更多是以保障农产品安全生产为核心目的，而针对农业向绿色生态发展方向转型的标准引领性仍不足。绿色发展是现代农业发展建设的内在要求，在面对农业发展的资源紧缩、面源污染、市场升级等多方生态压力，农业绿色发展理念向实践应用的转化若只依靠参与主体的自主能动性，所产生的实际效果不能完全达到绿色生态发展要求，需要根据实践与先进经验完善农业绿色生态化发展的标准体系，通过标准引导产业主体有效参与到农业绿色发展过程当中，最终实现农业向绿色生态发展转型升级的指引、规范与约束。农业生态系统是人类行为与自然环境共同作用下形成的一种特殊的生态系统，实际是一个生态经济系统，具有自然再生产与经济再生产交织的特性，受到自然生态规律和社会经济规律的双重制约。因此，在构建优化农业绿色生态发展标准体系时，不仅需要对生产全过程进行规范，也要针对产地环境以及后期质量监管等方面出台系列制度标准。

农业生产作为对自然资源依托程度相对较高的产业，产地周边环境质量会对农业生产质量产生直接影响，甚至某些区域的农业生态环境和自然条件具有不可超越性和不可复制性，决定了在产品质量上超越同类产品品质的唯一性，如"攀枝花芒果""蒲江丑橘""安岳柠檬""巫山脆李""太和黄桃"等产品。成渝地区都市农业要实现绿色生态化转型，对不同农产品产地环境的标准体系建设也应当重视，要从产地土壤资源、灌溉水资源、空气资源三大方面制定相关发

---

① 万靓军. 关于健全完善农业绿色发展标准体系的几点思考[J]. 农业部管理干部学院学报，2018（2）：9-10.

展建设标准。首先，随着农业科技的发展先后出现了水培、基质栽培等无土栽培方式，但传统的土壤栽培仍是农业生产的主要模式，因此，针对成渝地区都市农业绿色生态化发展的现实需求，合理界定有机污染物、重金属及类重金属、农药残留等最高允许范围，规范土壤修复治理的技术要求、评价方式、验收条件等标准，制定优化包括土壤肥力状况、土壤污染情况、土壤农药残留情况、土壤修复要求等内容的都市农业绿色生态发展的农田质量控制规范标准。其次，无论农业技术如何发展、生产模式如何改变、生产空间如何调整，水资源都是农业生产过程中不可或缺的要素，水资源的质量状况直接决定了农产品品质水平，若用受到污染的水资源进行灌溉，会对农产品造成污染而无法达到畜禽饲养、市场销售等要求，造成资源的浪费而产生非生态影响。因此，成渝地区发展绿色生态都市农业需对灌溉水源基本状况进行规范，根据商品销售、饲料制作等后端产品消费使用的基本要求，合理规范灌溉用水的pH值、重金属及类重金属、有机污染物、大肠杆菌等最高允许范围，制定优化包括灌溉定额标准、灌溉水基本条件、灌溉水节水技术、灌溉水定期检测等内容的都市农业绿色生态发展的灌溉水质量控制规范标准，严格监管工业和城镇污染物处理和达标排放，严格禁止处理未达标的污染物进入农业生产区域。对于空气环境质量而言，更多地需要对农田周边工厂、企业等工业生产行为进行一定限制，从工厂与农田的距离、周边工业产业类型、工厂污染物处理技术、工厂污染物处理结果等方面制定相关的规范限制政策，要严格根据成渝地区都市农业绿色生产力布局状况，在不同功能区范围内合理控制或安排化工、食品、冶金等工业企业建设，保障成渝地区都市农业绿色生态化发展的空气环境质量水平。

作物种植、畜禽养殖过程作为成渝地区都市农业绿色生态化转型发展的核心环节，从种质资源到种植养殖，再到加工保障，最后到包装运输的全过程，生产资料、生产技术、加工手段、运输方式、包装材料等因素直接影响着都市农业绿色生态生产的最终成效，需要根据区域产业发展特点与趋势，制定优化都市农业绿色生态发展的各级地方标准与行业标准，及时清理、废止与都市农业绿色发展不适应的各级农业地方标准和行业规范，构建与成渝地区都市农业绿色生态高质量发展目标相适应的标准体系。在生产前端，制定种质资源库、畜禽水产基因库、资源保护园圃等相关载体规划建设标准，规范种质资源收集、保存、鉴定、开发和育种的绿色化发展标准。在生产中端，围绕都市农业绿色生态化发展的新要求，制定优化有机肥替代化肥及测土配方施肥技术规范、种植养殖污染防控技术标准、病虫害统防统治和全程绿色防控技术规范、农药风险评估技术标准体系、限量使用饲料添加剂技术规范、减量使用兽用抗菌药物技术规范。在生产后端，针对产品加工绿色化转型制定优化屠宰畜、禽的检验规程，制定粮油、果蔬、畜禽和水产品预冷、储藏保鲜、物流配送、包装等标准；针对农业废弃物资源化转型，制定秸秆和畜禽粪污等资源化利用技术规范、尾菜和农产品加工副产物资源化利用技术规范、病死畜禽无害化处理技术及设施建设标准、新地膜标准、地膜使用全回收、消除土壤残留等技术标准；针对农产品安全质量保障制定优化农产品中农药残留、兽药残留的限量规定及其检验方法与规程，饲料及饲料添加剂卫生安全以及检验检测方法，农业投入品电子追溯技术规范，农产品收储运环节防腐剂、保鲜剂（鲜活水产品中麻醉剂、增氧剂等保活剂）、添加剂等合理使用准则和限量标准（图5-2）。

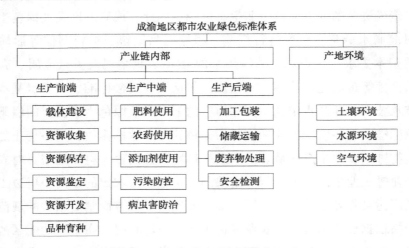

图5-2 成渝地区都市农业绿色标准体系

5.4 探索都市农业区域协同绿色治理机制

我国主要依托行政区划实施分级分区的行政管理工作，通过行政区域的划定能很好地限制规划行政管理单元的大小，更好地服务与决定行政管理职权的划分。但针对生态环境、自然资源等具有公共属性的要素资源，独立的行政分区式管理方法，使得各行政区域主体之间较常出现外部不经济的情况，造成对经济利益的追求而产生的政绩攀比、公共产品利用过程中出现外部不经济等现象，往往会加大对生态资源的开发，从而产生非生态化的影响。农业乃至都市农业作为对自然资源依赖度较高的产业，土壤、水资源等生产要素的利用符合公共产品利用的逻辑模式，因此，容易出现农业生产资源的恶性竞争现象，从而给农业生产方式造成非生态化的影响。成渝地区要实现区域都市农业的绿色化发展，无疑需要构建出系统性的协同治理机制体系，通过合理界定多方主体的关系，完善内部保护管理制度体系，搭建区域协同管理运行方式，更好地引导成渝区域农业生产资源的高效化、高质化、生态化利用。

5.4.1 探索组织管理机制

良好的组织管理体系能更好地规范限定多方主体的权利与责任，而具有权威的组织管理体系能有效保障相关政策制度的实施。从行政级别上看，重庆市与四川省同处一个行政级别，无论是重庆市还是四川省成立针对成渝地区都市农业绿色化发展的组织管理机构，都无法长期保证区域政府管理部门间持续地协同开展相关管理治理工作，对成渝地区都市农业资源利用、污染防治、环境治理等工作的统筹开展难以协同，如美国早期为治理空气污染问题，在1946年便成立空气污染控制区，主要通过召开非正式会议进行经济与环境政策的协调，但发现单一行政区域的治理并不能有效解决环境污染问题，为此，成立了南海岸空气治理管理区来统一协调整个区域内的环境质量工作，让空气污染问题得到了有效缓解。由此可见，针对具有一定公共产品利用特征的都市农业生产行为，建立一个能够超越地域、权威的专门组织管理机构，合理界定机构在都市农业绿色协同治理中的责权，有效引导社会多方主体参与，对于解决成渝地区都市农业绿色化发展的资源利用、保护、修复问题具有一定的推动作用。

都市农业的绿色生态化发展是一种农业生产行为，因此，对于成渝地区都市农业的绿色协同治理组织，既要考虑跨行政区域的权威设定，也要充分遵循从上到下的农业管理职能关系。要有效合理界定现有农业管理对农业生产功能的保障，与设立跨区域都市农业绿色协同治理组织对农业生态功能的保护之间的责权关系，核心在于规范都市农业绿色协同治理组织的责权，统筹指导成渝地区都市农业绿色生态化发展，协调区域之间在保障都市农业绿色生态功能过程中所产生的利益矛盾。将成渝地区农业农村主管部门中的农业绿色生产的指导与监管职能单独划出并整合，成立成渝地区都市农业绿色协同治理小组，依托区域都市农业绿色发展功能区及生产力布局基础，从宏观层面合理制定各类功能区都市农业生产与生态关系，制定相关监督、管理制度与办法，协调区域之间农业经济与农业生态的矛盾关系，引导区域生态资源发挥整体最大效应。需要特别强调的是成渝地区都市农业绿色协同治理小组要合理评估各区域在都市农业生产、生态功能表达中所作贡献，科学设定激励机制，规范各主体的逐利行为，消除各主体的自利性，引导各参与主体之间的利益分配权益和利益关系协调发展，保障多方参与的成渝地区都市农业绿色协同治理体系有效运转。

企业、家庭农场、农户、消费者等社会主体也是成渝地区都市农业绿色治理的参与者，以成渝地区都市农业绿色协同治理小组为核心，加快构建政府主导、市场为主体、社会共同参与的区域都市农业绿色协同治理体系，促进各治理主体通过合作互动、互相监督、制约来共同进行成渝地区都市农业绿色治理，形成基于共同利益，多层协调互动的治理网络。一方面，积极开展对都市农业绿色治理的宣传教育活动，加强公民的公共精神教育，强化公民的公共意识，拓展非政府组织活动的公共空间，促进区域都市农业绿色治理社会化的形成。另一方面，通过成渝地区都市农业绿色协同治理小组相关发展、布局、管理等政策制度的有效公开，引导家庭农场、农户、消费者等社会主体参与到成渝地区都市农业绿色化发展监督工作之中，形成良好的发展，保障都市农业生态功能的社会氛围，推动政府、社会及市场形成共同意识，自觉履行自己所承担的责任，共同完成成渝地区都市农业绿色治理工作。

5.4.2　探索制度保障机制

要实现治理体系与治理能力的现代化，需要通过设立一系列的政策、制度、法规，将群众的自发性、随机性行为转化为规范性、稳定性行为。为此，成渝地区都市农业的绿色协同治理不能长期仅依靠政府、企业、经营者、消费者等各社会主体的自发性行为来维持，需要将实践探索经验有效转化为规范性的系列政策制度，建立起在文化共识、价值认同之上的规则之治、互信共治、良法善治，营造良好的、可持续的都市农业绿色法治治理氛围与方式。针对成渝地区都市农业绿色生态化转型升级的现实需求，可以通过制定生态补贴、污染防治、生态保护、监测预警、考核奖惩等系列政策，保障成渝地区都市农业绿色协同治理工作的可持续性。

一方面，需要根据成渝地区都市农业绿色生态发展的现实目标，探索建立以保障都市农业生态功能为核心的农业污染防治、农业生态环境保护及农业生态考核奖惩制度。一是合理平衡农业生产水平保障与农业生态环境保护关系，出台不受行政区域限制的农药、化肥等化学类投入品使用水平限制制度，规范农药化肥包装、农业薄膜等难以自然降解的农业废弃物回收资源化利用方式与程序，减少人为都市农业生产行为对农业生态环境的污染和影响。二是探索各区域在涉农资金中划分部分资金共同组建农业生态环境保护资金，围绕土壤修复、绿色设施建设、水生态修复等资金需求，规范不同事务资金提取数量、方式、程序、人员，以及资金使用验收时间、标准、方式等要求，构建以资金支持为主导的成渝地区都市农业生态环境保护制度。三是按照成渝地区都市农业发展特点以及各都市农业绿色发展功能区根据自身的都市农业绿色化发展定位，研究制定成渝地区都市农业绿色化发展评价指标体系，并结合生态文明建设目标评价考核工作，通过第三方组织开展区域都市农业绿色发展的评价和考核，将考核结果纳入领导干部任期生态文明建设责任制内容，对都市农业绿色发展中取得显著成绩的单位和个人，按照有关规定给予表彰，对落实不力的依规依纪进行问责，逐渐构建起有效的成渝地区都市农业绿色发展考核奖惩机制。

另一方面，为更好地推动及维护成渝地区都市农业绿色生态发展，需要探索建立以绿色生态为导向的都市农业补贴制度与以有效监督为目的的农业资源环境生态监测制度，既要支持成渝地区都市农业绿色生态生产行为的有效发生，也要保障成渝地区都市农业绿色生态发展的稳定持续。成渝两地合作探索建立跨区域的都市农业生态环境保护补偿制度体系，以及耕地地力提升和责任落实相挂钩的耕地地力保护补贴机制，完善耕地、草原、森林、湿地、水生生物等生态补偿政策，试点农业经营者的都市农业生态价值贡献向经济价值收益的转化补偿路径，基本实现农业自然资源保护、农业物种资源保护、农业环境保护等领域的农业生态环境保护补偿制度全覆盖。同时，在经济条件相对允许的地区，试点探索都市农业绿色金融服务发展机制，鼓励涉农金融机构创新绿色信贷产品，支持担保公司开展都市农业绿色发展担保业务，加大PPP模式在都市农业绿色发展领域的推广应用，引导社会资本投向农业资源节约、废弃物资源化利用、动物疫病防控和生态保护修复等领域。探索利用遥感、地理信息、物联网等先进技术在农业绿色生态生产中的应用，高效、及时、准确地获取农业资源环境基本数据信息，以都市农业绿色发展功能区为基本单位建立包括耕地、作物、草原、渔业水域等基本资源信息的重要农业资源台账制度，以此为基础初步搭建区域都市农业环境监测体系，引导成渝地区都市农业绿色生态生产行为的长期有效发生。

6 供应保障：优化成渝城市食物供应系统

在"民以食为天"的发展需求下，如何发挥农业产业食物供给的基本功能，优化食物安全是构筑农业产业竞争力的前提和基础，而食物安全包括数量和质量两个方面，在保障粮油等大宗作物数量等情况下，对消费者所追求的优质安全、健康营养、多元特色等食物需求给予质量上的满足。同时也要通过对区域内部食物供应系统的优化升级，以保障食物的有效供给。因此，针对成渝地区都市农业发展体系重构升级，除了保障粮油、生猪、蔬菜等区域重要食物生产需求外，还需要优化城市食物供应系统。但城市食物供应系统全链条优化与升级探索在国内还处于起步阶段，通过对先进国家或地区实践案例的归纳分析，初步探索成渝地区的城市食物供应效率评估框架，通过对大量数据的收集分析，寻找系统的薄弱环节，出台相应的技术、政策等支撑，阶段性地实现成渝城市食物供应系统的优化升级。

6.1 先进地区食物供应系统实践案例分析

目前，我国大多数城市的食物供应系统普遍处于紧平衡的状态，面对疫情等突发状况在短时间内难以保障基本的食物供应功能，如2022年3月以来，国内很多城市疫情抬头，在实施严格的疫情封控措施情况下，上海这样的资源雄厚、治理能力较高的大城市都面临了（短期内）居民食物供给严重短缺的问题，体现了"食物生产—分配—消费等各环节食物供给应急预案"和"家庭—社区—区市等各层级食物应急治理体系"的缺失。对成渝地区城市食物供应系统的评估目的在于通过相关政策体系的设定和基础设施的布局，提升区域内部食物供应系统的韧性，在满足日常生产生活所需的食物供应外，也增强在疫情、自然灾害等紧急事件下的城市食物保障能力，而美国、英国、加拿大等发达国家围绕城市食物供应系统韧性评估框架和优化政策形成的实践经验，可为成渝地区的城市食物供应系统优化提供参考。

6.1.1 美国巴尔的摩市实践经验

巴尔的摩市位于美国大西洋沿岸，是马里兰州最大的城市，2019年约有59.3

万人口，全部为城市人口，较2018年减少约0.9万人，其中61.8%是非洲裔美国人，30.3%是白人，2.94%是亚裔，西班牙裔人占5.67%。2019年全市家庭收入中位数为50 177美元，人均收入32 430美元，21.2%居民处于贫困状态，远高于美国12.3%平均水平，贫困度最高的人群是25～34岁的女性[①]。进出口贸易占城市经济的主要位置，2017年巴尔的摩市GDP约为1 817.8亿美元，位于马里兰州第二，人均GDP约为59 079美元[②]。巴尔的摩市复杂的种族主义牵扯着历史政策和规划，导致了不公平资源分配问题。因地处沿海，巴尔的摩市很容易遭受多变气候带来的灾难，强风暴、强降雨和海平面上升等都可能会造成城市的电力中断、交通路线混乱，从而影响食品的生产、加工、运输和交易，扰乱城市食物系统。此外，疫病、社会动荡、恐怖袭击等非自然因素可能会造成居民因不能自由活动而无法获取食物，水体污染或作物病虫害等问题也会影响粮食产量和食品安全。面对城市食物供应系统韧性的提升需求，巴尔的摩市出台《巴尔的摩市食物政策倡议》（*Baltimore Food Policy Initiative*）、《灾害防备规划》（*Disaster Preparedness Plan*）等政策制度以期改善城市居民的食物获取问题。

此外，巴尔的摩市政府也十分重视对城市食物供应系统韧性的评估和优化。2017年，巴尔的摩市政府可持续发展办公室与约翰霍普金斯大学（宜居未来研究中心）合作发布《巴尔的摩食物系统弹性咨询报告》（*Baltimore Food System Resilience Advisory Report*），对城市食物供应系统现状进行全面摸底，通过调查城市对于各类灾害的事前防备、灾害应对能力和灾害评估等评价本市食物供应系统弹性，提出关于优化城市食物系统弹性的战略和实施办法。此报告在对食物供应系统评估时，首先利用故障树法，从食物的获取（Access）[③]、可用性（Availability）[④]和接受性（Acceptability）[⑤]3个方面对其食物系统现状进行评估，并在此基础上围绕影响食物系统的相关灾害（包括自然灾害和非自然灾害）、影响和脆弱性（包括食物获取、供应链中断、劳动力短缺、通信失效、食物储存与废弃物处理受阻等因素）与应对能力（包括政府应对措施、社会各类主体应对措施），对其食物供应系统韧性进行评估，为优化策略提供指导依据（图6-1）。

---

① 资料来源：https://datausa. io/profile/geo/baltimore-md/#about.
② 资料来源：https://www. city-data. com/city/Baltimore-Maryland. html#b.
③ 指居民获取食物的能力，包括经济上和物理上两个方面。
④ 指为居民获取食物的渠道，包括供应链和捐赠援助渠道。
⑤ 指食物利用上是否可接受，包括食品安全、营养情况与宗教和文化匹配程度。

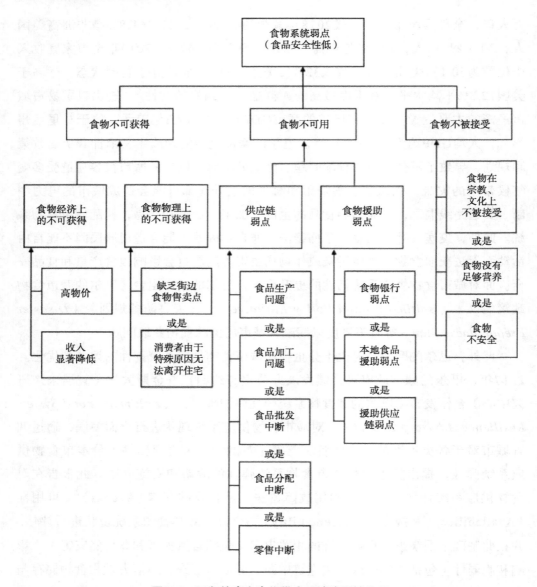

图6-1 巴尔的摩市食物供应系统脆弱性分析

　　需要特别指出的是，巴尔的摩市政府在对应对能力进行评估时，全面梳理了市政府、州政府、联邦政府、社区居民、食物供应企业、本地食物生产者、食物援助组织等主体所采取的相应措施，值得成渝地区学习借鉴，以优化城市食物供应系统。市政府规划部门在2015年面对发生内乱以及近年连续遭受暴风雨影响的背景下，制定《事故与灾难期间食物获取计划》（*Plan for Food Access during Incidents and Disasters*），并加入《巴尔的摩市应急行动计划》（*Baltimore City's Emergency Operations Protocol*）附件，该措施强调对儿童、老年人、出行受限人群的食物保障、支持恢复服务、保证食物采购标准、为居民提供清晰全面的物资信息等方面，推动政府更加关注和支持将"食物"作为"关键基础设施"来制定长期食物系统弹性策略。马里兰州包含16项应急支持方案的应急行动计划中涉及食物供应系统的有3项，涉及多个政府部门，一是在群体关怀、避难、食物、住房与紧急援助方面，为灾害受害者协调食物配送、为特殊需求群体提供临时食物服务；二是在消费者食物安全与食品安全方面，保证食物供应链的食品安全检查、控制可疑假冒伪劣产品、进行食源性疾病监测；三是在农业与动物福利方面，提出农业和粮食紧急情况的应对措施（每个方面涉及很多内容，原文只是提出了关于食物系统的方案）。除此之外，《巴尔的摩食物系统弹性咨询报告》（*Baltimore Food System Resilience Advisory Report*）根据对巴尔的摩市食物供应系统现状及韧性的评估，围绕食物获取、食物可用性和食物可接受性三大方面及政府、社会资本、劳动力、废弃物处理等主体和环节，提出多条举措建议，为城市制定食物系统韧性计划提供参考，具体措施见表6-1。

表6-1　关于巴尔的摩市食物供应系统优化的举措建议

分类		优化举措建议
食物获取	经济性能力	为食物安全水平有限的区域提供经济发展计划 提高现有经济性食物援助计划的利用（事前和事后） 继续倡导解决粮食不安全的政策规划，解决根源问题如贫穷、就业和歧视
	物理性能力	在公共交通设计中考虑食物获取 探索用于食物获取的其他交通方式 制定社区食物储存与通信计划
食物可用性	生产	鼓励增加城市与区域生产的农产品多样性 支持提高本地农民危机应对能力 倡导联邦与州政府政策支持农业弹性提升 支持针对区域供应链和其应对紧急事件能力的研究
	加工/批发	评估巴尔的摩都市圈区域加工设施设备能力
	分配	扩大地方和区域粮食聚集和分配的机会 评估替代食品运输方案可行性（例如"送餐上门（Meals on Wheels）[①]"项目） 确保用于食品运输的主要交通路线在突发事件后尽快清理
	销售	支持食品领域小型企业的危机应对能力 为每个社区指定食品零售设施

---

① 为独居老人提供上门送餐的服务。

（续表）

分类		优化举措建议
食物可用性	捐赠/食物援助组织	提高食物援助组织的危机应对能力（支持计划、备份） 改善组织与市政联络官的沟通与协同 指定食物援助分配地点
食物可接受性	政府	提高食物援助组织为用户提供特殊需求饮食的能力 确保社区储存的食物安全、文化上适宜并考虑社区成员的特殊饮食需求 继续并扩大本市支持健康营养食物获取的举措 在社群参与下，制定巴尔的摩市食物系统弹性规划 设定具体指标评估巴尔的摩市食物系统弹性、应急与恢复能力
食物可接受性	社会资本	支持所有社区增加社会资本 加强和利用现有社区层面的社会网络以提高事后食物获取能力 提供各类机会促进社区居民与城市各类机构之间的信任 支持社区拥有和经营社区食品商店
	劳动力	支持食品行业工作人员的安全性、公平性 推广保护食品行业劳动力权益的优秀做法，储备备选劳动力
	废弃物处理	鼓励将废弃物清除应急计划纳入企业/食物援助组织应急准备培训 支持在城市中建设食物回收基础设施，并将相关内容纳入企业/食物援助组织的应急准备与恢复培训

6.1.2 英国伦敦市实践经验

伦敦市作为英国首都，是政治、经济、文化、金融中心，是一座全球领先的世界级城市，经济发达，商业繁荣，常年位于全球城市综合实力排行榜第一位。2018年，伦敦市总人口数约为901万，平均每公顷人口数约为57.3人，占地面积1 577km²（大伦敦），地区生产总值6 532亿美元，而农业生产占比不到1%。2021年一项调查数据显示，每年供给伦敦的食物产量为634.7万t，其中99%来自外地，使得这座城市自身只能保障72h的食物供应，供应链存在极大脆弱性。从健康角度来看，2019年数据显示伦敦市有约150万成年人和40万儿童的饮食未达到粮食安全标准，另有380万人超重或肥胖。为解决此问题，大伦敦市政府（*Greater London Authority*，GLA）颁布《伦敦食物战略》（*London Food Strategy*）、《伦敦城市弹性计划》（*London Resilience Strategy*）等相关政策，并围绕伦敦市城市食物供应系统薄弱环节，设置了"什么具备的韧性—应对什么的韧性—谁的韧性—多久的韧性"4个框架问题分析伦敦市城市食物供应系统韧性状况，使用3R框架即稳健性（Robustness）、恢复力（Recovery）、再定位（Reorientation）寻求伦敦市城市食物供应系统的优化措施，形成《增强伦敦市食物系统韧性》（*Enhancing the Resilience of London's Food System*）的研究报告，为市政府制定了一系列关于增强城市食物供应系统韧性的战略性措施。

伦敦市城市食物供应的脆弱性归纳为依赖本市以外的食物供应、食品基础设施脆弱、食物系统基础设施的管理缺乏明确性和食品系统与其他系统的重叠4个方面。首先，主要体现在伦敦市极度依赖进口食品，大部分的食物来自国内其他地区或其他国家，且饮食单一造成食品来源受限。其次，伦敦市现有的食物系统基础设施，例如运输道路、本地超市、冷链，很容易受到各种灾害的破坏。再次，基础设施的弱点也体现在劳动力的不稳定、本地农业生产条件匮乏、部分家庭缺乏食品储备条件等情况上。最后，目前伦敦市缺乏明确食物系统管理的决策性文件和团队，导致食物系统关联的决策、实施和监管受到一定的影响。仅靠慈善机构无法解决粮食不安全和饥饿问题，经济系统的不稳定性也会加剧食物系统的脆弱性。因此，《增强伦敦市食物系统韧性》的研究报告提出，建立更加公平与多样化的伦敦食物供应系统，改善某些大型零售商的霸权地位，降低实行零库存经营模式、低工资和高浪费的企业主导权，特别是围绕生鲜果蔬供应系统的高脆弱性和劳动力短缺的现实问题，围绕3R框架提出了大量优化措施建议，也值得成渝地区果蔬产业的城市产品供应系统优化借鉴参考，具体措施见表6-2。

表6-2 伦敦市生鲜果蔬城市供应系统优化措施建议

举措分类		优化举措建议
		生鲜果蔬供应链多样化
稳健性	紧急、重要	将生鲜果蔬纳入可持续性的膳食指南
	紧急、次重要	向公众宣传蔬菜替代品
	次紧急、重要	建设农产品产地冷库
		开发更短的供应链以具备快速调动能力
恢复力	紧急、重要	在新鲜果蔬店安装冷冻设备
		为城郊农业提供更多土地
		增加社区食物种植点
	紧急、次重要	改变购买模式
		寻找替代新鲜果蔬店的供应商
	次紧急、重要	优化农业系统应对气候变化的能力
		支持开发基于自然本身的解决方案

（续表）

举措分类		优化举措建议
恢复力	次紧急、次重要	增加具有冷却能力的送货卡车的供应
		探索新的运输路线
		从温和气候区域采购食物
		帮助家庭获得制冷设备
再定位	紧急、重要	利用"无肉星期一①"等活动引导消费取向
		面向消费者的烹饪教育
	紧急、次重要	政府提供农民奖励补贴
		鼓励消费者尝试新食品
	次紧急、重要	推广销售其他食物的零售商
		鼓励学校进行食品采购
		影响调整消费者需求
	次紧急、次重要	增加果蔬品种的多样性
		开展相关生产者的教育
		开展关于使用和维护蔬菜的消费者教育

	缓解劳动力短缺影响	
稳健性	紧急、重要	重新部署劳动力
		为最弱势群体建立紧急食物供应系统和网络
		推动食物系统本地化
		将季节性工人添加到短缺职业清单
		加强健康访问服务和当地第三方志愿者团队间的联系
		提高食品相关行业员工工资
		培养合作食品采购团体，缩短供应线
	次紧急、重要	将食物供给内容添加到城市弹性规划
		让主要工作者担任食品部门相关工作
		实施食物系统学徒制
		发展土地技能和农业生态学校
	紧急、次重要	制定学校烹饪课程计划
		支持发展酒店产业
		限制不健康食品广告
		完善学校关于食品相关的教育
		实施本地动态采购系统
		确保学校获得新鲜食物的计划
	次紧急、次重要	提升员工技能
		促进食物系统概念和相关工作的宣传
		制定健康烹饪和饮食的计划

---

① 无肉星期一是一项非营利性活动，旨在提高人们对畜牧业和工业捕鱼对环境有害影响的认识。

（续表）

举措分类		优化举措建议
恢复力	紧急、重要	建立劳动力短缺早期预警系统 为消费者提供更好的沟通和信息服务 最大限度地利用"健康开始"优惠券，特别是对于符合条件的新移民家庭
	紧急、次重要	优化消费者获取替代食品的渠道 提高工资以吸引人们承担食品行业的角色 建设具备更好食物储存功能的住房 种植不同品种的食物
恢复力	次紧急、重要	提升供应链中重新部署的参与者的技能 加强立法部门和地方第三方单位的沟通 提高生产线的灵活性 提高学校、当地商店、社区中心的制冷和储存能力 食品供应商和零售商之间建立更好的联系
再定位	紧急、重要	将人权纳入政策 为食物系统关联者创造讨论的空间 为所有儿童提供校餐 将气候影响纳入政策和建设方案 提高低等级技能工人的工资 提高地方层面的食物获取能力
	紧急、次重要	在立法中增加食物权 通过本地化食物系统来实现非殖民化 增加本地食物供应 培训从事食物系统全链条上的工作人员 改变食物文化
	次紧急、重要	增加本地采购 限制企业影响 提高本地市场优先级 提供更少更优质的动物产品 食品供应链中的基本工资和休息时间
	次紧急、次重要	促进社区和学校的健康饮食、营养和烹饪教育 保证良好食物教育和相关工作途径 设定糖税减少糖摄入 改良食品标签 开展食物供给侧改革 在整个学习课程中增加营养教育

6.1.3　加拿大多伦多市实践经验

多伦多市是加拿大的政治、经济、文化和交通中心，位于加拿大安大略湖的西北沿岸，2018年总人口数达到296万人，2017年GDP达到1 587亿美元，2015年人均收入为47 617美元，低收入人口占20.2%[①]。多伦多是继美国巴尔的摩市、波士顿市和纽约市之后，北美洲第4个对城市食物供应系统韧性作出评价的城市。多伦多市制定出台《安大略省气候变化战略》（*Ontario's 2015 Climate Change Strategy*）、《多伦多食物战略》（*Toronto's 2008 Food Strategy*）和《多伦多市政厅"弹性城市"报告》（*Toronto City's Councils' Resilient City Report*）等举措，将城市食物供应系统韧性纳入城市弹性范围之内，成为米兰城市食物政策公约和C40食物系统网络的签约城市，2016年入选全球100个弹性城市名单。同时，多伦多成立食物政策委员会近30年，发挥推动都市农业、减少食物浪费、与大多伦多地区农业行动委员会合作等作用。

多伦多依托"ICIC城市食物系统弹性分析框架[②]""安大略省气候变化、健康脆弱性与适应力评价指南[③]""多伦多城市高阶风险评估工具（HLRA）[④]"3个框架对多伦多市在紧急事件情况下的食物供应、食物获取与公共卫生问题进行评估分析。具体而言，多伦多城市食物供应系统韧性评估体系包括区域和本地生产、加工、流通、零售、餐厅、食物援助网络、家庭餐食准备7个部分和公共交通、路网、电力系统、通信、燃油供给/运输/储存/配送5类城市基础设施，对其在紧急事件（特指极端气候）中的脆弱性进行评估分析，提出在"城市洪水、基础设施、安大略省食品集散中心、弱势群体区域、粮食不安全、协调合作"6个方面存在脆弱性。基于此，围绕保障所有居民能在极端事件发生时，能在步行距离之内公平获得充足食物的城市食物供应系统，在充分吸收纽约（食物领域能源保障立法、食物流动分析、扩大食物零售支持健康计划/FRESH计划、食物分销中心弹性提升投资等）、温哥华（两阶段海岸洪水风险评估）、巴塞罗那（服务供给安全风险评估）、卡尔加里（城市食物系统评估计划）、波士顿（生鲜零售店扩张措施）等其他城市先进经验做法，提出3个方面的宏观举措建议。一是实施食物系统转型支持行动，主要包括在城市食物战略与减贫战略中进一步融入弹性框架内容；在社区和城市尺度上进行食物流动分析，进一步对脆弱性和弹性优

---

① 资料来源：https://www. toronto. ca/city-government/data-research-maps/toronto-at-a-glance/.

② 用于确定食品系统对不同类型灾害的弹性并确定关键薄弱环节。

③ 用于评价和预计气候变化对公共卫生产生的风险，并制定政策和计划以提高对这些风险的抵御能力。

④ 用于通过结构化的研讨会从不同的关键利益相关者那里征求额外的意见。

化重点进行研究挖掘；进一步调查分析"最后一公里"供应链现状，以分析食物获取情况并采取针对性弹性优化措施。二是实施社区韧性行动，主要是在社区层面上制定食物韧性行动方案和应急响应方案，尤其是对于存在食物获取问题的社区更是如此。三是实施基础设施与食品企业韧性行动和应急准备，主要是通过研究分析食品行业所依赖的关键基础设施如何因紧急事件造成风险并找出提高城市食物系统的解决方案。

6.2 优化新时代"天府粮仓"产业布局

食物系统的源头是生产，对粮油、生猪、蔬菜的生产力布局是构建城市食物系统的基础。成渝地区市场消费需求巨大，丰富多元，在落实国家粮食安全战略，坚持和践行"大食物观"，保障城乡居民"米袋子""菜篮子"供给充足、质优价稳，是成渝地区发展都市现代农业的首要任务。2021年，《川渝粮食安全战略合作协议》于成渝地区双城经济圈建设联合办公室第一次主任调度会上签订，为保障国家粮食安全和川渝两地粮食产业经济的持续稳定发展贡献力量；2022年，成都市制定并落实《成都市加强耕地保护保障粮食安全的十条措施（试行）》，完善粮食生产考核体系，健全耕地保护激励约束机制；2022年6月，习近平总书记在四川省眉山市考察了东坡区太和镇永丰村，了解当地推进高标准农田建设、加强粮食生产、推动乡村振兴等情况，总书记指出，粮食安全是"国之大者"，要始终绷紧粮食安全这根弦，确保牢牢把住粮食安全主动权。

按照国家"藏粮于地、藏粮于技"的粮食发展战略，成渝地区需要强化粮食作物科技创新和示范转化，推进农业供给侧结构性改革，缓解农业生态压力，促进农业可持续发展，切实保障成渝地区粮食安全。一是通过协同成渝地区粮油生产大县（市、区），连片建设粮油生产功能区，加强现代农业社会化服务体系建设，建成一批优质粮油基地，全力稳定粮油生产。二是大力推进高标准农田建设，按照"集中连片、能排能灌、旱涝保收、宜机作业、节水高效、稳产高产、生态友好"的要求[1]，根据区域自然资源禀赋、农业发展布局、主体功能区划和粮食生产主要障碍因素等，分区分类施策，统筹推进田、土、水、路、林、电、技、管、制综合配套，助推现代农业进程。三是推动粮油制种集群式发展，实施"米袋子·菜篮子"现代农业种业建设项目，引进筛选优质高产抗逆的粮油等品种资源，完善生产全程质量跟踪机制，引进培育一批在国内外具有较强竞争力的现代种子企业。四是提高粮食生产智能化水平，试点应用农业大数据分析、5G、

---

[1] 资料来源：《四川省高标准农田建设规划（2021—2030年）》。

遥感监测、人工智能、农业机器人等前沿技术，强化在耕作种植、水肥施用、病虫害防治、粮食收割等生产过程的智能化控制，提升区域粮食生产智能化水平。

养猪业是关乎国计民生的重要产业，猪肉是我国大多数居民最主要的肉食品，发展生猪生产对于保障人民群众生活、稳定物价、保持经济平稳运行和社会大局稳定具有重要意义。成渝地区高度重视生猪产业的发展，并出台《四川省"十四五"生猪产业发展推进方案》《重庆市加快生猪生产恢复发展三年行动方案》《重庆市畜牧业发展"十四五"规划（2021—2025年）》等规划政策来保障生猪产业的稳定发展。2020年四川省生猪出栏和猪肉产量分别为5 614.4万头、394.8万t，占全国10.7%、9.6%，建成生猪核心育种场20个（其中部级7个、省级13个），一级扩繁场38个，猪人工授精站（点）1 028个，全省人工授精面达72.0%[①]。2020年，重庆市生猪出栏1 434.5万头，畜禽产品例行检测合格率为99.4%。近年来，成渝地区养猪业综合生产能力明显提升，但产业布局不合理、基层动物防疫体系不健全等问题仍然突出，稳定生猪生产，促进转型升级，对提升成渝地区猪肉供应保障能力具有积极作用。一是建设成渝地区国际优质商品猪战略保障基地，集中打造一批智能化、数字化示范规模养殖场，开展多种形式的适度规模经营，支持龙头企业构建集养殖、屠宰、加工、配送于一体的全产业链生产经营。二是推动生猪繁育集群式发展，加快建设成渝地区本土猪种质资源基因库，利用现代生物技术创新本土猪保种方法，加快消费市场培育。三是推动生猪智慧化养殖，完善生猪育种、养殖、疫病、环保等环节，实现精细化养殖、智能化管控、可视化管理，加快成渝地区猪肉质量安全管理体系和可追溯体系建设，进一步降低养殖户的风险。四是建设高端肉制品屠宰加工一体化企业，围绕肉制品精深加工价值链高端转型发展需求，布局成渝地区生猪、肉牛、肉羊、畜禽、鱼类等全品类加工生产板块，重点建设生猪年屠宰能力百万头以上的自动化生产线、高端肉制品加工分割线、肉制品精深加工无人生产线等项目。

蔬菜是城乡居民生活必不可少的农产品，2022年3月，习近平总书记在看望参加中国人民政治协商会议第十三届全国委员会第五次会议的农业界、社会福利和社会保障界委员时指出，要树立大食物观，从更好满足人们美好生活需要出发，掌握人民群众食物结构变化趋势，在确保粮食供给的同时，保障肉类、蔬菜、水果、水产品等各类食物有效供给。成渝地区蔬菜产业发展居全国前列，其中四川省是我国"南菜北运""冬春蔬菜"的重要生产基地，2020年四川省蔬菜种植面积2 166万亩、产量4 813万t，实现产值1 955亿元，占全省农业总产

---

① 资料来源：《四川省"十四五"生猪产业发展推进方案》。

值的41.6%，助农增收贡献率居全省农业产业首位①。重庆市2020年蔬菜产量突破2 000万t，标准化蔬菜基地面积222万亩②。为加快成渝地区蔬菜产业高质量发展，应围绕"资源、品种、栽培、推广"为主线，加快推进特色蔬菜种质创制，加大特色蔬菜育种攻关力度，建立蔬菜绿色生产技术体系。蔬菜绿色生产技术体系的建设可以分为3个方面：一是建设全国绿色优质蔬菜保供基地，通过跨区域协同实施优质蔬菜保供基地项目，推动蔬菜生产向精品化、标准化、集约化方向发展，丰富区域蔬菜生产品种。二是推动蔬菜制种集群式发展，根据成渝地区蔬菜产业特性与国内市场消费习惯，着力培育引进蔬菜杂交一代新品种，布局区域性蔬菜良种繁育基地。三是推广蔬菜基地机械化生产，试点建立蔬菜全程机械化生产体系，开展蔬菜种植生产新机具、新技术试验示范，同时加快推动现代农业社会化服务系统建设，试点建设一批全程机械化蔬菜智能农场，探索农机与信息化、智能化、生态化的融合。

6.3　成渝城市食物供应效率评估框架探索

食物系统是由在农产品生产、加工、分配、销售、消费和食用各个环节上相关人员、流程和设施等组成的复杂网络，其结构和功能与自然、社会、经济、政治等各类因素密切相关、相互影响。城市食物系统的核心目标是为所有市民提供充足、健康的食物供给，同时对于宏观生态环境和社会经济体系具有公平可持续发展贡献。因此，成渝城市食物供应效率评估是对"从田间到舌尖"整个系统过程的评估，与传统的只针对物流阶段的食品供应评估有所区别，需要在新需求下的城市食物供应效率提升定义基础上进行优化完善。城市食物供应效率的提升实质是城市食物需求与城市食物供应匹配度的提升，而随着消费升级的出现，城市食物需求不再只是有充足的食物，对食物的营养、健康、多元等方面也有了差异化的需求，部分消费群体也开始强调食物所能带来的精神需求满足，包括文化的传递、生态的保护、社会的联结等多个方面。由此可见，成渝城市食物供应效率的评估框架是多维度的，是对"供给—流通—需求"整个过程的考虑，横向上需要考虑前端的生产、加工和后端的市场、消费的影响，纵向上需要考虑城市发展对生态、社会、经济、文化、治理等多个方面功能需求的影响，构建出纵横交错的成渝城市食物供应效率评估框架，实现对成渝城市食物供应效率全流程、多维度评价，如图6-2所示。

---

① 资料来源：《农业科技动态》2022年第10期：牢固树立"大食物观"，加快四川省蔬菜产业高质量发展。

② 资料来源：《重庆市农业经济作物发展"十四五"规划（2021—2025年）》。

　　从横向产业链角度来看，市场供应量和需求量的变动也会对流通水平固定下的食物供应效率产生较大的影响，一方面，农业生产、加工的空间位置、技术方式、时间周期等因素会直接影响城市食物消费市场中的供应量水平；另一方面，农产品市场的布局状况、产品结构、销售方式和消费者的饮食习惯、购买能力、消费支出等因素会影响城市食物消费市场中的需求量水平。因此，成渝城市食物供应效率评价指标体系横向维度应当包括生产、加工、流通、市场和消费5个方面。在生产维度上，重点关注农产品生产方式、生产情况、生产效率、生产政策等方面的内容；在加工维度上，重点关注加工技术、加工方式、加工效益、加工资源等方面的内容；在流通维度上，重点关注流通渠道、流通速度、流通效果、流通方式等方面的内容；在市场维度方面，重点关注市场布局、市场结构、市场产品、市场政策等方面的内容；在消费维度上，重点关注获取方式、消费偏好、消费结构、消费能力、消费思想等方面的内容。

	生产	加工	流通	市场	消费
文化	传统食物生产所产生的文化价值	传统食物加工所产生的文化价值	食品流通过程中的文化传输作用	食品市场运行过程中的文化表达	食物消费工程所能传递的文化价值
经济	都市农业产品生产带来的经济效益	都市农业产品加工带来的经济效益	都市农业产品流通带来的经济效益	都市农业产品市场环节的经济效益	消费者消费过程中的经济效益
治理	农产品生产制度和治理机制的完善	农产品加工制度和治理机制的完善	农产品流通制度和治理机制的完善	农产品市场制度和治理机制的完善	农产品消费促进政策完善和消费结构调整优化
生态	健康安全的农业生产	健康安全的产品加工	高效竞争的产品流通	结构匹配的产品供应	节约适宜的产品消费
社会	生产过程所带来的社会效益	农产品加工所带来的社会效益	农产品流通所带来的社会效益	农产品市场结构优化所带来的社会效益	消费者能及时消费健康食物所带来的社会效益

图6-2　成渝城市食物供应效率评估框架

　　从纵向功能需求角度来看，消费升级下的城市食物供应效率并不只是指食物供应数量与速度的效率水平，是在生态保护、治理水平、社会服务、文化传递等多个方面功能保障的综合考量，要考虑到在食物系统知识传播、生物多样性保障、多元政策支撑状况、传统食物传承等方面的城市食物供应效率，推动成渝城市食物供应系统向着更好的服务城市生活、生态、社会方向优化升级。因此，成渝城市食物供应效率评价指标体系纵向维度应当包括社会、生态、治理、经济和文化5个方面。在社会维度上，重点关注城市食物供应系统在满足人民营养健康、保障各方权益、强化社会连接等方面所能产生的积极作用；在生态维度上，重点关注城市食物供应系统在生态健康、生态代价、价值效率、资源循环等方面所产生的作用；在治理维度上，重点关注城市食物系统引导相关政策出台、治理机制转变、公众自愿参与等方面所产生的作用；在经济维度上，重点关注城市食物供应系统在市场需求满足、实际经济产出、本地食物销售等方面的贡献；在文化维度上，重点关注城市食物供应系统在本土食物文化保护、转化、创新及影响力提升等方面所产生的作用。

通过横向产业与纵向功能两方向、多维度的思考，将成渝城市食物供应系统评估框架纳入整个城市社会、经济、生态、文化发展之中，为成渝地区优化升级其城市食物供应系统奠定符合时代发展规律的数据分析基础。

6.4　关键环节数据采集方式与技术升级

食物供给过程包括从田间到舌尖的整个过程，大致可以分为生产、运输、消费3个阶段，各阶段在城市食物供应系统中发挥着不同的作用与功能，且相互影响，如何更好地匹配供给状况与市场现状是有效运行城市食物供应体系的关键。然而，市场数据是跟随经济状况实时变动的，食物供给情况是由前期的生产、运输、消费等功能布局所决定，导致供给端以年为单位、从下至上的多层级汇总式数据统计方式，难以与需求端的实时市场经济数据相匹配。因此，在成渝城市食物供应效率评估框架下，需要对系统生产、运输和市场消费关键环节的数据采集方式与技术进行升级，通过转变各环节数据采集周期与节点，以预测方式提高城市食物供需数据周期与时效的匹配程度，进而以数字化的手段优化提升成渝城市食物供应系统。

未来高质量的城市食物供应并非生产越多越好，而是要用最少的资源生产出符合市场需求的产品，缓解现阶段我国大部分地区农业所面临的供需结构性矛盾的情况。要达到这个目的，就需要对农业生产功能进行有效的布局，第一步就是要对生产情况进行合理的预测。目前，我国大部分农业从业者的农业生产行为仍以经验判断为指导，常根据当年的实际产量与市场需求来判断来年的种养布局，但农业产量受到种养方式、资料投入、大气环境等多个方面因素的影响，这需要通过大量的数据分析才能更好地实现对生产情况的预判，而此要求下的数据采集分析是人力难以完成的，为此，需要借助传感器、大数据等先进科技力量。未来，针对成渝地区生猪、柑橘、柠檬、茶叶、中药材等区域优势特色产业，以村为单位试点布局一批农业生产与农业环境数据采集点，适度提高相关数据采集频率，构建针对某一产业产量分析预测数据基础，逐渐形成在一定环境条件与投入条件下的农业产量预测模型，通过对产量的有效预测实现更加合理的农业资源投入。

若只是对生产端的预测，仅能满足未来以最少的资源生产出相应的产品，而如何保障生产的产品与市场需求的产品相匹配，就需要进行第二步的数字化转型工作。城市食物消费需求结构分析，通过布局与此结构相适应的农业生产力，能在一定程度上解决产品生产与消费需求之间的结构性供给矛盾。消费是一项主观行为，一定区域范围内消费结构受到年龄、性别、收入、思想等外在因素影响，当样本数量达到足够大时，能逐渐缓解外在因素对区域食物消费结构的影响，形成相对稳定的食物消费结构，即为食品消费市场需求结构。未来，成渝地区可在农产品主消区中，选择一批重要农产品交易市场进行交易信息的数据化建设，对农产品销售类型、数量及销售区域等基本销售信息进行实时采集，以此为基础获取成渝城市食物消费需求结构，用于指导区域农业生产能力的布局。

在生产端和消费端功能匹配后，如何布局城市食物供应渠道及能力，实现生产区域与消费区域的有效连接，是保障城市食物及时供应的关键环节。首先，可借助GPS等交通大数据采集方式实现对运输路线、运输时间等交通数据的采集，同时探索成渝地区主要农产品仓库出仓数据共享方式，对成渝城市食物供应渠道能力进行全面调查，构建包含运输方向、运输时间、运输总量、运输类型、产品质量等数据的成渝城市食物供应基础数据。其次，将此数据作为城市食物供应渠道优化升级的基础，根据前端生产力与后端消费力结构布局状况，合理调整成渝地区内部的城市食物运输力布局，寻求"生产力—运输力—消费力"三者之间的均衡，最终达到成渝城市食物供应体系的整体跃升。

7 功能丰富：打造城市圈都市农业新场景

市场竞争力是产业竞争力的结果与表现，随着社会经济发展、人民生活追求提升、居民消费能力升级等变化的出现，基于农产品生产来提升国内外市场竞争力的能力有限，需要开发挖掘都市农业的康养、教育、科普、休闲等生态、生活功能价值。通过一二三产业融合，创新产品、场景、服务等多元功能性业态，以匹配多元化、个性化、特色化、品牌化的消费需求，推动都市农业从产品竞争转向功能场景竞争，重构都市农业市场竞争优势。就成渝地区而言，充分考虑到乡村旅游、休闲农业等融合功能性场景的建设发展基础，结合都市农业城市内部业态发展趋势，创新打造城郊乡村休闲场景、城市农场体验场景、城乡农产品消费场景，提升成渝地区都市农业市场竞争力。

7.1 丰富城郊乡村休闲场景

城郊区域作为连接城市与农村的过渡空间，通常具有城市与农村的双重属性，空间功能表达上通常需要兼顾两者特质。针对城郊乡村休闲场景的打造应在满足维持农村生活特点的同时，有效承接融入城市生活消费需求，通过空间场景、项目活动、运行模式的创新设计，推动城市与农村的生产、生活、消费等多种功能在城郊空间的有效融合，而都市农业天然所具有的城市与农村双重性质，无疑是此类空间场景打造最好的产业支撑基础。随着经济社会的快速发展与人们生活质量的不断提升，城乡居民对生产、生活、消费空间的需要不断升级，由浅层的物质需求向深层的精神需求转变，城郊乡村休闲场景也需要随之跟着改变升级，以更好地满足具有城市和农村两种特性的生产、生活及消费需求。

7.1.1 田园生活体验型场景

早期城郊乡村旅游的兴起与发展是基于城市居民对田园生活的向往，在面对高度紧张的城市社会工作和生活压力，越来越多的人开始追求轻松、自然的精神享受，此时以田园生活体验为主要目的的城郊乡村休闲场景应运而生，出现以"农家乐"为主的体验场景模式，在发展初期得到了广大消费者的喜爱。随着社会经济的发展，此类需求"不减反增"，2019年全国乡村休闲旅游接待游客超过30亿人次①，2020年成都市乡村旅游接待游客1.33亿人次、总收入515.6亿元②，重庆全市乡村旅游综合收入658亿元③，但空间场景、活动场景等方面的创新相对滞后，有现实需求却无有效供应的情况时有出现。为此，在对成渝地区都市农业融合发展的功能需求基础上，整体提升田园生活体验型新场景的创新能力。

田园生活体验型场景的潜在市场消费群体更偏向于在周边城市居住、生活、工作的本地消费者，其目的在于不同层次的体验农村生活方式。因此，田园生活体验型场景的创新提升要围绕"衣、食、住、行"多维角度，以保护农村生活核心特色为基础，让城市便利的生活方式融入农村生活却不影响农村生活的原始特色。成都作为"农家乐"消费体验场景的发源地，通过长期发展已具有相对稳定的消费群体，"农家乐"已成为成渝地区体验田园生活的典型场景，且随着市场消费需求偏好的变化，逐渐转化升级为"民宿"类体验场景。针对此类"住、食"相结合的田园生活体验场景，可从装修设计、家具布局、饮食菜品、个体服务等多个方面强化农村生活特色，也可将区域都市农业耕作特征融入其中，通过场景细节的农业化、农村化，避免农村生活元素被城市审美所"侵蚀"，通过整体环境氛围的营造增强场景田园生活的体验感受。但需要特别指出的是农业化、农村化并非是卫生、便捷、丰富的"对立面"，而是将城市生活卫生、便捷、丰富的特性与农业农村传统生态有机融合，增强消费者在体验田园生活过程中的舒适度。

此外，夜间经济作为休闲经济的重要组成部分，在北上广深等一线城市，夜间消费占全天消费的比重已达到50%以上。夜间经济的发展为农业农村田园生活体验场景打造开辟了新路径，是延长乡村消费的一个重要手段，是拓展农业农村新消费领域的重要抓手，能够有效提高游客在乡村中的参与度和逗留时间。为此，可在距离城市20~30km的城郊区域，打造以田园生活体验为核心的农业农村夜间游玩场景，通过设计出与城市夜间游玩项目不同的、带有农业农村独有特色的夜间体验场景，让游客体验到"日有所游、夜有所乐、乐此不疲"的消费感受。针对中青年消费群体，可将区域都市农业的自然田园风光、设施设备与现代声光电技术相结合，打造与白日迥异的夜间田园风光，在增强农业农村夜间观赏性的同时，也有效地还原了乡村的乡野气息，增强与城市夜间体验场景的差异

① 资料来源：中国经济网. 2019年我国乡村休闲旅游接待游客超过30亿人次[EB/OL]. https://baijiahao. baidu. com/s?id=1678949082935086021&wfr=spider&for=pc.

② 资料来源：新浪四川新闻. 成都2020年乡村旅游总收入500多亿元，怎么来的？[EB/OL]. http://sc. sina. cn/news/b/2021-06-13/detail-ikqcfnca0693712. d. html.

③ 资料来源：《2020年重庆市旅游业统计公报》。

性。针对青少年消费群体，依托风土人情、传统工艺等文化元素，在白天街市功能的基础上，融入清吧、茶馆等夜间休闲体验元素，打造乡村特色夜游街市。同时，也可在有条件的区域，结合夜市或独立建设成一片极具特色的深夜食堂美食餐厅，充分利用地方产出的有机绿色食材，使用安全美味的自制调料，融入地方传统工艺，制作地方传统特色美食，以地方传统特色器皿"装盛"，实现从食材到制作，再到食用全过程的氛围营造，打造乡村版的"深夜食堂"，增加对区域乡村美食体验的新鲜感。

除了完善田园生活体验空间场景外，还可以区域都市农业产业为基底，通过设计系列农业农村生活体验活动场景，将成渝地区都市农业更好地融入乡村休闲旅游产业之中，提升都市农业生活、生态功能的作用。成渝地区田园生活体验型场景所针对的消费群体以周边城市居住、生活、工作的本地人为主，其游玩时间多以1~2日的周末为主且行为频率也相对较高，可围绕我国传统节气、节庆等时间点，以区域都市农业产业园区为重要载体，以区域传统文化、农耕文化、人文文化为核心，打造系列美食、交流、竞赛、角色扮演等互动式体验活动，开展"多节合一、贯穿全年、内容丰富、内外联动"的、以周末为主的田园生态体验活动，活动偏向于短期性、季节性、差异化，以维持场景长期具有可持续的吸引力。此外，可围绕乡村夜间经济发展情况，融合本土文化和地域风情，通过"乡村文化资源+文创提升"，挖掘本土的戏剧文化、特色舞蹈文化、民间技艺、历史故事等，利用乡村原生态的自然舞台，打造一批独一无二、本地文化色彩丰富的展演活动，增强田园生活体验活动的丰富度。

7.1.2 传统文化教育型场景

农耕文化是在长期农业生产过程中形成的一种适应农业生产、生活需要的国际制度、礼俗制度、文化教育等的文化集合、风俗文化，是世界上最早的文化之一，也是对人类影响最大的文化之一。农耕文化的发展造就了农耕文明，这是人类史上的一种文明形态，也决定了中华文化的特征，在我国后期文化、文明形成中起着决定性作用，孕育了自给自足的生活方式、文化传统、农政思想、乡村管理制度等，与今所提倡的和谐、环保、低碳的理念不谋而合。由此可见，农耕文化是农业农村最为宝贵的文化财富，通过设计富有地域特色的传统文化教育型场景，将成渝地区都市农业所承载的农耕文化与科普教育产业有机融合，从而赋予农业农村新的功能场景，增强农业与农村的市场吸引力。

与以分散化打造运营的田园生活体验场景不同，传统文化教育行为具有一定的整体性、连贯性、长期性。为此，成渝地区都市农业产业与科普教育产业融合发展的场景建设需要从整体宏观层面进行规划布局，在充分挖掘区域传统农耕文化的基础上，围绕红色教育、劳动教育、农耕教育、农业技术科普等农业农村文化教育场景需求，推动包括农耕博物馆、农耕体验园、农业亲子园、农技科普园等多类型传统文化教育场景节点的统筹布局，引导成渝地区形成既有联系又有差别的农业农村传统文化教育场景，再结合成渝地区已有的茶马古道、传统文庙、农村祠堂、战役纪念馆等参观型场景，打造多条农业农村文化体验路线，迎合未来科普教育的市场需求。此外，在场景设计上要重点注意传统文化元素的体现，充分考虑区域自身地理、空间、环境、人文等基础条件，加大对传统农业农村文化元素的合理、恰当运用与融合，通过区域传统农业农村文化元素在空间、环境中的广泛存在，营造出良好的农村文化与农耕文化传播学习氛围。

此外，可以依托成渝地区农业农村文化体验路线场景的打造，通过活动与产品的设计，将农业农村文化"场景化"延伸至"生活化""当代化"。在体验经济时代，消费者在购买产品时不只是限制于对使用功能的满足，更是对某种情感体验的需求，而以农耕文化为基底的产品有着天然的情感连接优势，无疑是最好的农业农村特色文化教育产品创新"原料"，而文化创意产品作为传播成渝地区农业农村传统文化的载体，通过与消费者的互动来增强城乡消费者与农业农村传统文化教育型场景的黏性。目前大部分农村文化创意产品开发存在同质化、粗放化、质量差等问题，主要原因在于只注重文化元素的"形"而未深挖文化元素的"魂"，对农业农村传统文化与农产品、空间场景融合的形式与方式考虑不够周全。针对农村传统文化与农产品的融合，除了在农产品包装外观、产品形态等外在方面进行改变外，还可在农产品使用方式中融入适宜的农业农村传统文化，激发消费者更深层次的文化情感体验，也能进一步推动以农产品为核心的文化创意产品差异化发展。针对农业农村传统文化与空间场景的融合，除了在空间场景的景观设计上融入文化元素外，还可选择与区域农业农村传统文化相关联的元宵节、端午节、中秋节、花朝节、重阳节、寒食节等传统节庆时间节点，设计故事互动、角色扮演、剧情体验、传统庙会等以传统文化为主题的活动，并保证活动举办时间与周期的稳定性与持续性，增强区域依托农业农村的传统文化教育型场景游玩的仪式感，推动成渝地区都市农业产业与农业农村传统文化的有效融合。

7.1.3 农村生活优化型场景

农业生产与生活在城郊区域本就不可分割，在"持斧伐远扬，荷锄觇泉脉"的农村耕作生活中，农田耕作是居民的重要工作和主要生活，耕作行为所造就的农业风光场景既是农村中独特的生产场景，也是农村中独特的生活场景，两者的融合打造是"水到渠成，大势所趋"。在产业融合化发展不断提速的今天，如何通过对农业生产场景的适宜打造与提升，凸显农村生活休闲场景功能，是实现对农业生活场景优化的重点。为此，成渝地区城郊休闲场景的打造不只要满足城市消费需求，更重要的是要满足长期居住在此区域居民的农村生活休闲需求，而农业生产与农村生活作为城郊区域内部"不可分割"的两大功能，实现生产场景与生活场景有机融合是构建优化符合成渝地区城郊居民需求的生活休闲场景的有效途径，也是符合乡村振兴中对乡村宜居宜业所提出的新要求。

现阶段对农村生活场景的打造更多的偏向于教育、卫生、医疗、交通、文化等服务性场景的创新，而对农业生产场景本身所具有的生活性质并未引起重视。对农业生产场景的打造以实现现代化、规模化、机械化生产为主，导致农业生产与农业生活在空间场景维度上的割裂，不利于乡村振兴宜居与宜业的协同表达。为此，成渝地区在针对都市农业生产场景的深化创新过程中，应当适度考虑农业经营者在实施耕作行为时对生活场景的需求，构建如休息间等系列与生产场景紧密相关的生活设施，增强农业生产场景的生活性，使农业生产经营者生产、工作过程更加舒适。此外，农村文化文明氛围的营造是农村生活质量提升的关键，农村生活休闲场景的打造必然离不开以保障生活质量的文化学习场景打造。农耕文化作为居民熟悉的传统文化，未来成渝地区可将文艺演出、体育比赛、文化体验、乡村集市等传统乡村文化休闲场景与农业生产场景有机融合，推动农耕文化在乡村文化休闲场景中的融入，更好地打造乡村文化教育场景。

7.2 创新城市农业体验场景

随着城市经济的快速发展，人口在有限的城市空间中持续聚集，在造成城市空间拥挤的同时，伴随着食物安全、生态环境、身心健康、社会稳定等方面的问题，催促着城市功能及属性的改变，而都市农业所具有的补充供应、稳固环境、安抚心灵、文化传承等天然功能，与城市需求实现自然契合。基于此，国内许多先进国家与城市通过有效利用城市空闲空间，如利用城市空置空间建设植物工厂、老旧地下空间建设地下农场、零散分布的居民居住空间建立屋顶农场等，开始尽可能地挖掘与发挥城市的农业属性，实现农业与住宅、商业、公共建筑的有机结合，以展现都市农业产业在城市发展过程中所能发挥的独特功能。因此，成渝地区可在经济条件相对发达的区域，试点城市空闲空间农业化利用模式，探索发展社区农业、校园农业、康养农业等城市农业新业态，实现对城市农业属性的挖掘与发挥，打造独具特色的成渝城市农业业态样板。

7.2.1 社区农业体验场景

在早期的战争、灾害、饥荒等困难时代，就产生了以保障家庭食物供给的城市农业场景，后来随着社会经济的不断发展，对城市农业功能的要求逐渐多元化。面对长期的、持续的城市快节奏生活，国内部分地区开始了多种类型的城市农场场景探索，以期将具有修养身心的农业场景融入繁忙拥挤的城市生活当中。社区农业是较早出现的一种城市农业体验场景，最开始一般是在家庭私人空间种植一些生活所需的蔬菜，后来逐渐发展延伸到在社会公共空间种植的模式，美国前总统奥巴马的夫人米歇尔就在白宫开辟了占地100余平方米的、向公众开放的"都市菜园"。简单来说，社区农业是指以社区为基本单位，充分利用社区内部公共或私人的空闲空间，开展自我耕作的农业生产行为，包括农业的食物供给、邻里交流、社区就业等多种功能，社区自治组织在其中发挥着领导、组织、服务等重要作用。按照占用空间的不同可划分为私人型社区农业场景和公共型社区农业场景。

以家庭为单位的、占用私人空间的私人型社区农业场景通常以阳台农业为主要形式，近几年随着农业设施技术的发展，逐渐出现家庭版的小型设施农业，其功能以为家庭提供健康绿色的食物为主，强化家庭文化教育的同时，丰富居家绿色景观。此类型的社区农业场景是未来都市农业发展的重要模式之一，虽打造升级具有较强的私密自愿性，但社会及政府组织能通过定期开展宣传推广活动，提供不影响原本家庭生活的种植服务，引导居民大众了解并开展家庭内部的种植活动。在成渝地区选择有较高经济基础水平的城市社区，探索试点通过"科研机构+社区组织"合作的方式，其中，社区组织发挥连接居民成员的优势，召集有意愿的家庭，组织开展家庭种植宣传、交流、学习活动，科研机构发挥科技要素优势，根据内部私人型社区农业场景发展情况，研究制定家庭种植交流学习课程，引导社区居民利用家庭私人空间打造私人型社区农业场景。此外，城市居民在家里开展种植活动是想要获得农业食物供给、修身养性等多种功能，但并不想花费过多的时间、精力来保障植物的生长。因此，快捷方便操作的设施、容易生长的种苗、便于购买的资料等服务供给就显得十分重要。为此，成渝地区可聚集区域范围内研究都市农业、设施园艺、设施农业、植物工厂等相关组织机构，针对私人型社区农业场景打造、维持、发展的基本服务需求，创新优化适宜于家庭种植的设施设备，选育栽培适宜设施种植的植株种苗，研发制作干净生态的土壤化肥，成立专业化的社区农业基础生产资料供给组织机构，与社区形成长期稳定的服务供给关系，制定符合节气与社区消费需求的植株、土壤、化肥等生产资料配送计划，采取定期配送方式以保障家庭内部都市农业生产资料的有效供应。

除了私人空闲空间可以利用以外，部分区域也开始尝试利用公共空闲空间打造"社区农园"等公共型社区农业场景。成都市新津区花源街道牧马山社区将和源小区外围40余亩闲置绿化空间改造为社区农场，通过开展相关种植活动，增加了邻里关系。与私人型社区农业场景不同，公共型社区农业场景的打造是属于对公共区域空间的利用，满足社区公共管理、空间规划布局、城市绿化水平等要求，保障场景的干净、美观是基本，所提供的功能也应当更加具有社会需求性，包括生态绿化、活动交流、文化教育等功能。因此，成渝地区在部分社区探索公共型社区农业场景时，前期工作需要通过一定范围内的统筹规划设计，合理安排灌溉排水、化肥施用、施药防虫等生产设施，同时要根据社区环境基础与居民需求，合理选择布局农作物种植品种，增强都市农业场景与社区内部绿化场景的融洽性。与私人型社区农业场景相似，健全完善的公共服务供给是保证场景可持续的关键，要加快探索与都市农业科研机构、团队或非营利组织服务供给合作模式，以保障都市农业生产所需生产资料的有效及时供给。同时，试点将都市农业场景管理纳入社区公共服务管理体系之中，探索社区农场管理员制度、社区公共资金农场使用制度、农场政务财务公开制度、收获成果社区内外分享安排等系列社区制度措施，保障公共型社区农业场景的运营管理。此外，此类社区农业场景的公共特性也要求其承担一定的社区活动载体作用，社区自治组织主导，与相关科研院所或科研团队合作，定期开展"播种日""收获日""交流日"等不同形式的社区农业体验活动，也可结合重阳日、儿童节、端午节等特殊节日，举办公益性、科普性、体验性等不同形式的社区交流活动，以增强社区农业场景活力与利用率。

7.2.2 校园农业教育场景

2020年9月，农业农村部办公厅、教育部办公厅联合发布了《关于开展中国农民丰收节农耕文化教育主题活动的通知》，强调建设一批安全适宜的农耕文化主题教育实践基地和研学基地，打造一批中国农民丰收节农耕文化基地，形成一批实践教育活动品牌。由此可见，国家对于在校学生的农耕教育的重视程度，而校园作为城市中较为普遍的公共空间与青少年长期学习的公共空间，都市农业场景的进入无疑为学生提供了更为便捷地进行农事体验、农耕教育的载体，将会成为未来都市农业发展的重要新场景。校园农业场景较之食物供给保障功能，更多的是强调文化教育、劳动体验的功能，能打破学校传统口述的农业教育方式，通过实地体验让理论知识与实践经验更好地结合，让青少年学生更真切地了解农耕、农业，这与国家所提的支持开展学校农耕教育目的不谋而合。

校园农业场景所承担的教育功能，就要求其在打造过程中需要与学校教育体系相融合，就如同体育馆、图书馆等空间载体建设，融入成为校园教育体系的一部分，需要完成实践课程的开发研究与课程实施的载体建设。与其他都市农业空间场景打造不同，校园农业的空间场景是依托相关课程体系设计而存在的，只有深入开展农耕实践课程体系建设，才能真正发挥校园农业场景的教育价值。校园农业场景打造的第一步是设计出符合教育实践需求的课程体系，将理论学习与实践劳作有机地结合在一起。成渝地区可先选择具有一定劳动实践课程的学校作为试点，通过学校与科研机构、非营利组织的合作，围绕已有的劳动实践课程，设计升级包括学科实践与情感体验两大类课程。其中，学科实践包括学科渗透式农耕实践课与学科话题式农耕实践课两大类。学科渗透式农耕实践课是以各学科要求的课程、教材相关内容为基础，设计相关的农业耕作创新实践课程，通过手脑结合方式提升知识与文化的接受度，而学科话题式农耕实践课更具有独立性，围绕各科知识设计系列科学讨论话题，以校园农业场景为基础，创设相关情景，开展以农耕体验为探索手段的学科话题式实践课程，以此渗透农耕意识与劳动素养教育。农耕文明作为决定中华文化特征的关键因素，是体验生命、贡献、关系、文明等情感的"天然原料"，以此为"灵魂"的校园农业场景无疑能在学生的情感体验课程中发挥独一无二的载体作用，通过设置以二十四节气为核心的农耕文化体验、以生命体验为核心的植物拟人化生命体验、以文明感受为核心的传统农业文化遗址体验等课程内容，增强学生的情感自我认知能力，优化完善学校知识教育以外的情感教育体系。同时，创新设计学科实践与情感体验课程后，需要对课程实施进行统筹规划。一是针对不同学年的学生，制定不同学年的实践课程规划指导意见，保障农耕实践课程内容与学生心智水平的匹配；二是针对不同学年的实践课程规划指导意见，根据具体情况予以选择组合，形成必修与选修、单课时与多课时相结合的课程年度规划。

农耕实践课程体系的实施需要一定的空间载体来支撑完成，而场景的选择与设计在一定程度上会影响课程实施效果。首先，要对场景空间位置进行选择，除了常规的校园内部绿化空地之外，充分考虑农耕实践教育的"长期性、渗透性、体验性"特征，可在学校食堂周边、教室走廊、操场周围、图书馆阳台等学生活动空间，打造以农业设施为支撑的校园农业体验场景，增加校园内部都市农业场景的丰富度，增强都市农业场景与学校教育工作的黏度。其次，要对场景外在表现进行设计，以校园农业场景的文化教育功能为基础，按照农耕实践课程体系安排要求，统筹规划种植体验、教学实验、观察交流、工具收纳、成果分享等多类型功能区，完善土豆、黄瓜、豆角、胡萝卜、生菜等易于生长的作物种植布局。同时，根据校园整体设计风格，开展不同空间下的校园农业体验场景景观设计，提高都市农业场景与校园学习生活场景的协调度。

　　校园农业体验场景不仅局限于校园内部，也可与周边区域合作开展用于学校农耕教育实践用途的都市农业场景，一方面，可以按照"业主主导、学校参与"的方式，与周边居住社区合作共建校园农业体验场景；另一方面，可以在行政区域宏观层面，由相关政府部门组织建设农业产业博览园、农耕文化主题教育实践基地、中国农民丰收节农耕文化基地等共享型校园农业体验场景，如此便可将校园农业体验教育向社会进一步扩展，这既能够让社会资源得到充分利用，又拓展了学校教育的边界，让学生在更加开放的社会环境中去接受农耕实践教育。此外，要让校园农业场景发挥文化体验教育的作用，需要一定的教育资源作为支撑，包括专业教师、辅助人员、课程经费、材料设施、信息资源等，可采用"学校+科研院所+非营利组织"的合作模式，保障人才、资金、设施等资源的供给。

7.2.3　医疗农业康养场景

　　随着我国城市化进程的加快，居民消费水平的提高，中国老龄化的社会现象突出，城市人口"养老、养生、养心"的需求，逐渐形成以农业产业为基底的康养产业的市场需求。《乡村振兴战略规划（2018—2022年）》中提到"顺应城乡居民消费拓展升级趋势，结合各地资源禀赋，深入发掘农业农村的生态涵养、休闲观光、文化体验、健康养老等多种功能和多重价值"。除了能在农村以农业产业为基底打造康养场景外，在城市中的医院、养老院、疗养院等医疗公共空间也需要能够缓解焦虑、舒缓心情的康养场景，以达到对慢性病、老年病等类型疾病的辅助疗养和治疗，而都市农业作为一种人工打造的生态场景能达到此类功能。为此，针对成渝地区城市中有条件的医院、疗养院、养老院等医疗公共空间，植入打造符合康养需求的医疗农业康养场景，以提供各种鼓励社交与安静沉思的公共空间，更好地发挥都市农业在城市功能优化中的作用，引导都市农业与城市生活的有机融合。

　　首先，医疗农业康养场景需要实现农业农村的景观化表现，为病患提供一种远离城市、亲近自然的舒适空间。在打造空间选择上，要充分考虑场景的辅助性治疗作用，合理选择活动区域、治疗区域、屋顶、阳台等公共空间，依托原始空间形状统筹布局大小不同的医疗农业康养场景，实现场景对空间的有效包裹。如英国利兹市的麦琪癌症护理中心（Maggie's Leeds Centre）将三间咨询室建造成三座巨大的"花盆"，将场景空间与治疗空间进行有机融合，使之成为部分疾病治疗手段中的一部分。在种植作物的选择上，选择观赏价值较高的作物类型，并合理搭配高大果树、中等粮油、低矮蔬菜等不同类型农作物，实现场景内部景观空间布局的多元化，有效营造出自然、亲近、健康的类自然生态景观。在设施选择布局上，医疗农业康养场景所发挥的疗养功能，对都市农业生产设施设备的选择、布局、使用提出了新要求，包括使用材料的"健康、自然、可持续"，布局与农作物种植相呼应的"融合、多元、艺术"空间，整体构建出"亲近、放松、舒缓"的场景景观。

其次，医疗农业康养场景利用需要体现都市农业对部分疾病的舒缓治疗作用，可以通过各种活动的开展以达到此目的。一方面，要充分利用医疗农业康养场景的自然景观优势，对已有的康复治疗手段进行评估，将适宜的康复治疗手段迁移至室外场景之中，推动场景内部景观在康复治疗行为中的利用。另一方面，在疾病治疗的康复后期，适宜的运动能改善心肺功能、增强肌肉力量、缓解焦虑情绪，而农业耕作无疑是一种有效的康复运动方式，可以根据不同空间类型的场景，设计包括翻耕、播种、除草、施肥、收割、采摘等各种适度的、参与性强的、短期的农耕体验活动，丰富部分疾病的康复治疗方式与途径。此外，还可以开发场景之外的农业体验活动，如以公共活动的方式对采收后的农业果实进行加工烹饪，增强人与人之间的交流沟通，延长医疗农业康养场景的功能范围。

7.2.4　公园农业生态场景

面对经济发展、人口聚集、土地占用等带来的城市病，城市建设都十分重视生态绿化场景的打造，以保障城市居民生态休闲空间功能。随着都市农业设施、设备、技术的不断发展，都市农业在城市生态场景供给方面逐渐发挥作用，实现都市农业产业与城市公园功能的有机结合，发展形成城市内部的公园农业生态场景。这些公园既可以在开放的公共区域，也可以在商业建筑内部及表面（屋顶），如迪拜的高线公园就是将高速公路埋入地下，将未充分利用的25km长350hm²大小的土地改造成为都市农业场景，其中80%的土地用作农业生产，包括多种类型的可控室内环境及露天椰枣树林场，打造了城市中独具特色的公园农业生态场景。公园农业生态场景除了能丰富城市生态的层级，让城市观光变得更加丰富多元，为久居城市中的人带来更多的新鲜感，同时也可产生城乡融合的新兴职位，推动城乡融合发展。《成渝地区双城经济圈建设规划纲要》提出"要坚持不懈抓好生态环境保护，走出一条生态优先、绿色发展的新路子，推进人与自然的和谐共生"。将生态环境保护放在区域协同发展的重要位置，未来，以生态绿色功能供给为核心的公园农业生态场景必将成为成渝地区都市农业场景打造的核心之一。

公园农业生态场景根据所处的空间位置，可大致分为室外公园与室内公园两类场景。针对成渝地区室外的公园农业生态场景打造，可以采取"先行试点、点状布局、逐步扩大"的方式，在部分城市公园内部选择合适区域，合理筛选环境影响小、存活率高、观赏性强的果树、蔬菜等农作物，实现对普通绿植的逐步替换，先行营造出"公园中的菜园"景象，引导城市居民观念意识的转变，最终实现整个公园的农业化场景改造。要实现这种转变，是需要相关公共服务管理制度作为支撑，成渝两地的农业农村局联合区域公园行政管理部门，成立既有农业管理又有公园管理人员的专门管理小组，负责室外公园农业生态场景管理、植株种植维护、果实采摘、公共活动组织等系列制度的研究、制定与执行，保障成渝地区室外公园农业生态场景可持续运营。

针对成渝地区室内的公园农业生态场景打造，可鼓励商业楼、写字楼等公共大楼业主与科研院所、相关农业企业、规划设计公司合作，规划设计公司负责整体场景的布局设计，建筑物管公司负责场景的管理运营，科研院所、农业企业负责后期服务支撑，在建筑墙体、屋顶、内部等可利用空间设计打造具有一定观赏价值的室内公园农业生态场景，丰富城市建筑内部的景观景致。同时，也可结合相关公共活动举办的需求，在场景内部嫁接其他服务功能，以扩展场景的可利用途径与方式，通过活动开展以增强公众对室内公园农业生态场景的接受度。与室外的场景不同，室内的场景更加注重资源的循环性与无污染性，为此需要一些特定的"技术、设备、产品"科技供给作为支撑，但若只靠政府服务部门自身是难以长期维持的。因此，成渝地区各地农业农村局与科技局可根据自身区域场景打造的实际需求，组织区域内外相关科研机构，围绕室内植物补光、能源再生、有机废物与水资源管理等核心内容，开展针对性的技术、设备及产品研发，提供保障场景有效发展的科技支撑。

7.3　营造城乡农产品消费场景

消费场景是指适应特定时刻用户特色目的消费所需的行为场合和形态，具有一定的时空性、指向性和目的性，常见的消费场景有商超、市场、电商等线上线下场景。随着人们生活消费观念改变及水平提升，消费场景也从简单的"买什么、吃什么"的物质获取层面，逐渐向"看什么、感什么、秀什么"的精神体验层面转化，呈现出多元化的发展趋势。农产品作为居民生活的必需品，农产品消费场景在生活中必不可缺，无论是在城市还是农村，农产品消费场景也逐渐由单一的物质获得向多元的精神体验转变，成为表达、传递都市农业生活功能的重要场景载体。因此，成渝地区要根据区域农产品消费目的的转变，对区域城乡农产品消费市场进行提升，将农产品消费场景的建设融入产业发展之中，通过"消费+"的方式发挥都市农业的多元功能。

7.3.1 农村农产品消费场景

近郊农村作为都市农业生产的重要空间载体，随着空间上的"城乡融合"与生产上的"产业融合"不断深入，逐渐演变成相关农产品的消费空间，是乡村产业融合发展的重要场景之一，通过"身临其境"的农产品购买行为以表达都市农业的生活、生态功能，也将城市要素资源吸引到农村发展之中。为此，针对成渝地区农村农产品消费场景的打造，一方面，可以通过嵌入田园生活体验型场景与传统文化教育型场景的方式，打造与休闲旅游场景相适应的多元产品消费场景；另一方面，可充分利用成渝地区已有的都市农业产业园区，打造与园区生产功能相结合的农产品消费场景。

嵌入田园生活体验型场景、传统文化教育型场景等休闲旅游场景的农村农产品消费场景十分常见，如在古镇、美食街、纪念品馆等空间都能看到农业农村的特色产品消费场景，但无论是购物场景的设计，还是售卖产品的设计，绝大多数都存在严重的同质化问题，且消费者与商家的互动联系多为单次的，无法与被嵌入的不断改造升级的各类休闲旅游场景相匹配，导致农业农村特色产品消费场景不再是"锦上添花"。针对此类问题，成渝地区未来打造休闲旅游空间中的农业农村产品消费场景，需要重视空间氛围与产品形态的打造，通过空间场景与本地产品的有机融合，实现"以环境优产品，以产品营环境"的良性循环。具体来说，一方面，需要根据所嵌入休闲旅游场景的不同风格与特征，按照"消费场景"景观化的基本原则，统筹规划不同类型农业农村产品消费型场景的外貌设计与发展容量，合理营造与体验型消费、礼品型消费、好奇型消费、尝试型消费等不同农业农村产品消费目的所匹配的消费场景氛围，也可在条件允许区域引进无人超市、自主支付等城市中的新型消费场景，避免出现大量的无差异农业农村消费场景。另一方面，要根据消费场景所确定的设计主题，创新设计产品类型、产品包装、产品文案、购买方式等相关产品内容，实现整体消费场景的主题氛围营造，以此来差异化同类产品的消费感受。当然，对农业农村产品的打造也可充分利用农业农村自然环境、闲适氛围等先天优势，将产品购买消费过程有机融合到周边自然风光与休闲氛围之中，如打造池塘边的火锅店、枇杷树下的咖啡厅、麦田里的蛋糕店等将城市生活方式与农业农村特色高度融合的消费场景或产品，也可将农业农村产品消费与场景内部活动相结合，通过设计竞赛类、答题类、寻宝类、积分类等活动获取相应的消费优惠，延长消费者对农业农村产品消费的体验感，通过消费场景周边环境、场景活动的独特性打造，实现农业农村产品消费型场景的差异化发展。此外，成渝地区可在全面梳理各区域传统农业农村活动、节日等基础上，由地方政府引导各区（市、县）围绕区域特色传统活动，组织乡村集市、美食品鉴、文创体验等多种类型的农村农产品消费体验场景，让消费行为与农村特有的相关活动相融合，打造农村地区独具特色的消费场景。

园区化发展是我国推动农业农村现代化的重要载体与抓手，也是农业农村产业融合发展的"先头兵"，是能将农产品生产与农产品消费有机融合的天然载体，将种植销售农产品与绿色生活、科普度假、活动集市、美食品尝、种植体验等相结合，实现产业园区消费场景的重构、重组，更好地形成集"农食、农事、农艺"于一体的线上线下农产品销售场景。此外，与嵌入田园生活体验型场景、传统文化教育型场景等休闲旅游场景融合的农业农村消费场景不同，现代农业园区内的农业农村产品消费场景更加注重消费过程本身，相关氛围感营造对消费行为影响程度不大。为此，农业农村产品消费场景打造应更加重视全过程的优质服务供给，采用先进的互联网、电商技术提高消费过程的便捷度，打造标准化的服务水平提升消费过程的优质度，营造细节化的服务方式优化服务水平的舒适度，通过高质有效的消费服务提升产业园区内部的农业农村产品消费水平。

7.3.2　城市农产品消费场景

城市作为人口主要聚集的空间区域，城市人口是蔬菜、瓜果、畜禽等农产品消费的"主力军"，2019年我国城镇居民人均鲜菜消费量达到101.5kg，农村居民人均鲜菜消费量达到87.2kg；城镇居民人均蛋类消费量达到11.5kg，农村居民人均蛋类消费量达到9.6kg；城镇居民人均瓜果消费量达到66.8kg，农村居民人均瓜果消费量达到43.3kg[①]，由此可见，城市农产品消费场景无疑是传递、发挥都市农业多种功能的重要载体。在消费升级的大背景下，城市农产品消费主力从原来的60后、70后转变为追求个性生活、有较高文化娱乐需求的80后、90后，对城市农产品消费场景也提出了新的要求。为此，成渝地区要充分考虑区域城市农产品消费偏好与习惯，合理利用好城市农产品消费场景作为连接城市生活与农业生产的节点，推动区域城市农产品消费场景的优化升级，通过城市消费引导要素向农村流入。

城市农产品消费场景的打造一方面要考虑到对都市农业生态、文化、休闲等

---

① 资料来源：《中国统计年鉴（2020年）》。

功能的表达，另一方面要营造出便捷、高效的消费服务方式，让其在满足城市快捷生活习惯的同时，发挥出都市农业服务于城市生活的多种功能，可以围绕成渝地区公园农业生态场景的打造，有效植入相关农产品的购买行为，探索"种植+买卖""买卖+制作""买卖+礼品"等多种购买模式，让消费者在城市空间中体验都市农业生态、文化功能的同时，将农产品购买意愿转化为实际购买行为。同时，针对年轻消费群体个性化、娱乐化、体验化的消费需求，可合理运用互联网信息、大数据、VR等先进技术，丰富消费者在购买农产品过程中的体验，优化场景消费服务水平，适度延伸消费产品所能带来的效用，增强城市农产品消费场景的自身吸引力。针对农贸市场、商超等传统农产品消费场景，可将都市农业的自然风光、科技景致、人文景色等场景元素融入消费之中，增强传统农产品消费场景的体验性。

8 价值提升：重塑区域特色产品全球价值链

国际市场竞争力提升的本质仍是高质量产品的生产，面对目前成渝地区都市农业产品多而不优、产品品牌杂而不亮、产业规模大而不强等问题，针对区域内水果、药材、茶叶等特色产业，围绕生产、加工、仓储、销售等全产业链关键环节，提高产品本身质量水平，并通过文化融合、营销推广等多种手段提升产品价值，摆脱传统的以数量、低价取胜的传统市场竞争模式，增强成渝地区都市农业在国际市场中的竞争力。除此之外，提升产业控制力是提高都市农业产业竞争力的关键一环，特别是对农产品仓储、物流、交易等供应链关键环节的控制和主导，通过加强"一带一路"沿线国家相关供应物流体系的构建，强化对区域特色产业国际化供应链的布局与优化，增加其在相关国际市场中的影响力和话语权。

8.1 发展成渝特色调辅料产业集群

川菜作为我国八大菜系之首，区域独特的调辅料是其灵魂，其产品在市场中具有一定的地理位置特殊性，在国内外市场中已有一定的影响力，如"汉源花椒"作为地理标志产品，在2013年的第十一届国际产品博览会上获得金奖，该品牌价值也从2016年的7.04亿元跃升至2020年的49.65亿元。未来，除强化地理区位的国际影响力之外，还应当从加工、文化、标准等方面加强发展建设，围绕花椒、泡菜、豆瓣、榨菜等区域特色产品，形成具有全球竞争力的成渝特色调辅料产业集群，提升其在全球价值链的地位和势能。

8.1.1 丰富产业加工产品种类

特色调辅料产业价值增长点主要集中在符合都市人民快节奏生活方式的精深加工产品生产销售，加工产品的创新研发是该产业持续发展的核心环节，只有生产出口味正宗、携带轻便、使用简单的产品以更好地满足现代人民生活需求，才能真正地实现成渝地区调辅料产品的劳动价值向市场价值的转换。因此，充分考虑融合市场需要与加工技艺两方要求，创新丰富成渝地区特色调辅料产品内容、形态、包装，形成多种类型的产品体系以满足不同消费主体的需求。为更好地实现产品的丰富创新，成渝地区特色调辅料产业应当围绕产品加工，加快生产加工载体建设，推动制备技术优化升级，开展多种类多用途的产品研发，丰富成渝地区特色调辅料加工产品，拓宽产品市场影响力。

聚焦成渝地区涪陵区、郫都区、广汉市、东坡区等川菜特色调辅料优势产区，依托郫都中国川菜产业城、广汉火锅产业园、眉山中国泡菜城、涪陵现代农业产业园等园区，根据产业发展趋势和市场消费需求，采取合作等方式引育一批成渝特色调辅料加工企业，提升产业加工能力与水平。充分利用眉山泡菜产业技术研究院等研究载体的科创资源，改善升级如泡菜、豆瓣、榨菜等腌制发酵类产品的加工技术，保障相关产品加工过程和结果更加符合都市消费人群对健康绿色生活方式的追求。根据对调味料、半成品、即食等不同类型产品的市场需求，分类细化开展相关产品的研发工作，丰富市场产品供应种类，同时，通过制定统一的产品加工标准，提升成渝地区调辅料加工产品的质量水平。除此之外，深入分析不同产品的使用方式、使用人群、使用场景，创新研发便捷、干净、安全、美观的产品包装，以人性化的产品设计提升产品对消费者的吸引力。

8.1.2　赋予产品美食文化内涵

成渝地区餐饮消费水平逐年提高。2019年，四川省住宿和餐饮业总产值达到了1 149.18亿元，占地区生产总值的2.47%，较上年增长10.15%；重庆市达到501.98亿元，占地区生产总值的2.13%，较上年增长9.54%。从表8-1可以看出，2000—2013年，重庆市住宿和餐饮业总产值的年增长率呈波浪式上升的趋势；2014—2019年，呈波浪式下降的趋势。2000—2009年，四川省住宿和餐饮业总产值的年增长率在2009年达最高，为20.21%；2010—2019年，四川省住宿和餐饮业总产值的年增长率呈波浪式下降的趋势。面对此类现实情况，成渝地区餐饮业不应只靠传统的产品数量生产作为产值增长的手段，而应将文化要素作为该产业新的增长极，努力打造强化成渝地区川菜文化标签。作为川菜制作必不可少的调辅料产品，其丰富的产品文化内涵与川菜文化标签相辅相成，通过赋予相应加工产品一定的美食文化内涵，将单一的产品输出提升为"产品+文化"的输出，提升成渝地区特色调辅料产业能级。

表8-1 四川省和重庆市两地住宿和餐饮业历年总产值及增长率情况

年份	重庆市		四川省	
	住宿和餐饮业生产总值（亿元）	年增长率（%）	住宿和餐饮业生产总值（亿元）	年增长率（%）
2019	501.98	9.54	1 149.18	10.15
2018	458.25	7.57	1 043.24	11.69
2017	426.01	8.68	934.01	9.51
2016	391.99	10.06	852.91	9.31
2015	356.16	10.64	780.26	10.52
2014	321.92	10.58	706.00	9.31
2013	291.11	23.22	645.86	9.75
2012	236.26	10.30	588.48	9.72
2011	214.20	16.99	536.34	16.39
2010	183.09	14.10	460.81	17.22
2009	160.47	17.90	393.12	20.21
2008	136.11	33.99	327.03	10.97
2007	101.58	31.56	294.71	19.41
2006	77.21	16.05	246.81	14.89
2005	66.53	15.34	214.82	11.17
2004	57.68	22.31	193.24	15.37
2003	47.16	11.23	167.49	10.62
2002	42.40	10.13	151.41	13.41
2001	38.50	7.06	133.51	11.18
2000	35.96	6.86	120.08	9.91

　　成渝地区调辅料产业文化内涵应当在深挖我国传统饮食文化基础上，融合现代社会生活美学衍生出独具特色的产品文化系统，通过产品设计、包装设计、广告宣传等方式，为产品塑造从历史到现代的完整品牌文化体系，赋予不同产品不同的文化内涵，增强普通调辅料产品的生动性、文化性、互动性，在满足消费者物质需求的同时也满足其精神需求。一是要注重对传统历史文化的挖掘，既要赋予产品区域传统的民族文化和地方特色，更要重视产品文化的历史可继承性，以增强产品的历史纵深感和文化底蕴。同时，也要通过对市场消费者群体风俗习惯、消费偏好、教育程度等相关因素的分析，有针对性地设计产品文化信息，使产品文化定位与目标市场特点相吻合。二是要创新与文化内容相融合的产品包装设计，在包装设计中尝试应用 VR 等移动可视化技术，创新时尚、美观、实用的产品外观设计，丰富消费感官度，让消费者联想感知到产品背后的精神和文化内涵。三是要拓宽产品营销渠道，在宣传手段和内容上要增强文化因素的影响力，创新产品文化销售方式，构建文化品牌体系，强化产品与市场的纽带关系。除采取赋予产品本身文化内涵的手段外，还应当通过制定相关政策营造良好的产品文化建设氛围。成都市已经开始探索制定一系列具有"美食属性"的相关政策及措施，为打造全球川菜标准制定和发布中心、全球川菜原辅料生产和集散中心、全球川菜文化交流和创新中心、全球川菜人才培养和输出中心等提供政策支持，这也是未来成渝地区特色调辅料产业文化发展的重要路径之一，以政策制度作为基本支撑推动单一产品输出向文化输出的转变。

8.1.3　增强国际市场影响力

　　伴随全球经济的复苏发展，农产品市场竞争开始由产品质量竞争逐渐发展到价格、服务等全方位的竞争，面对市场竞争环境的转变，各类产业标准成为衡量产品质量的关键。因此，提升某一产业的国际市场竞争力，加强农产品生产、质量等标准的制定、输出、推广工作，在保证产品竞争力和增强国际影响力中发挥着十分重要的作用。川菜作为成渝地区的区域性特色产业，脱胎于川菜产业的成渝特色调辅料产业在国际上已经具有一定的话语权，可以通过各类标准体系的建设以强化成渝地区在该产业中的话语权。如眉山市牵头出台的泡菜国际标准 ISO24220，将我国的"泡菜"定位为"Salted Fermented Vegetables"，很大限度提高了成渝地区泡菜产业在国际中的影响力。

　　通过标准体系的搭建以增强产业的国际市场竞争力。一方面需要加快制定、完善生产和质量标准体系，通过规范、统一产品生产程序提高整体质量水平；另一方面推动内部标准的国际化发展，增强内部标准与国际化标准的衔接，进一步扩大产业标准体系在国际中的影响力，这两个方面的工作应当同步推进。在充分考虑成渝地区川菜调辅料的共性与异性，以郫县豆瓣、眉山东坡泡菜、涪陵榨菜等产品为代表，建立能代表"川味"特色的调辅料产品名录，按照国际惯例制定相关产品生产质量的标准体系，产品结构和技术指标要尽量体现国际水平，邀请外资企业专家或国外专家参与到其中以提高标准的国际接受度。在标准制定上地方政府力量相对薄弱，应联合相关科研院所、标准机构、产业企业等多方力量参与到标准的制定当中，不仅要全面了解国际标准的制定规则，更要争取承担更多的国际标准化组织的职位及任务，增强本地标准制定者的国际地位和影响力。

除此之外，也可从品牌企业培育、川厨认证、海外餐厅认证等外围因素入手，增强区域内制定标准体系的应用水平，提升标准体系的国际市场影响力。一是培育一批成渝特色调辅料生产加工的品牌企业，围绕名优地理标志品牌的保护与开发，遴选并推动一批涉及调辅料生产加工的大中型企业的特色名优产品迈向国内国际市场，促进产业综合竞争力和可持续发展能力提升，推动成渝地区特色调辅料产业的品牌化建设。二是实施"川味"全球推广计划，开展"川厨认证"工程，培养或认证能熟练使用成渝特色调辅料、烹饪制作符合川菜相关技术规范的地道川菜厨政人才。联合世界各国中餐（川菜）业界协会与企业，构建川菜联盟，开展"海外川菜餐厅资格认证"计划。

8.2 发展成渝水果产业集群

成渝地区作为我国柑橘、柠檬、猕猴桃、桃子等水果的主要产区之一，逐渐围绕奉节县、大足区、潼南区、蒲江县、安岳县等地布局形成区域独具特色的水果产业集群，但因两地自然禀赋条件相近、体制文化因素相似、市场销售渠道相关等内外原因，两地主要水果产区之间形成了竞争大于合作的产业关系，如四川省安岳县和重庆市潼南区均提出了建设"中国柠檬之都"的规划目标，独立进行种苗繁育、精深加工、交易中心、柠檬小镇等相似项目的建设，功能布局的相似性导致了内部竞争的加剧，而无法实现成渝水果产业整体价值水平的提升。如表8-2所示，四川省与重庆市近年来单位水果产值水平有所增长，但增长速度相对缓慢。2019年，重庆市单位水果产值增长0.23元，增长率仅为0.38%；四川省单位水果产值反而降低0.06元，下降率为0.84%。2020年，四川省在出台《川果产业振兴工作推进方案》中提出，到2022年全省水果总产量达到1 200万t，综合产值突破千亿，单位水果（千克）产值要达到8.33元，总体增长要达到18.16%。为此，成渝地区水果产业还需在产业前端与后端进行科技、标准、加工、品牌、融合发力，构建产品以外的全球价值链，赋予成渝地区水果产业产品更高附加值，形成更高质量的产业集群。

表8-2　2015—2019年四川省和重庆市水果产量和产值情况

年份	重庆市			四川省		
	产量（万t）	产值（万元）	单位产值（元/kg）	产量（万t）	产值（万元）	单位产值（元/kg）
2019	476.40	2 998 789	6.29	1 136.7	8 016 000	7.05
2018	431.27	2 611 834	6.06	1 080.67	7 685 000	7.11
2017	403.38	2 140 374	5.31	1 007.88	7 725 000	7.66
2016	369.24	1 675 832	4.54	960.05	4 667 000	4.86
2015	372.28	1 360 411	3.65	912.14	6 074 000	6.66

注：数据来源于历年《四川统计年鉴》《重庆统计年鉴》及历年《中国农村统计年鉴》。

8.2.1　提升产业前端种植质量水平

　　品种的培育选择与种植手段的优化升级直接影响成渝地区柑橘、柠檬、猕猴桃等水果品质，出现不同水平的种植生产产品与市场需求的匹配程度，而在市场交易过程中显化出不同程度的价值水平。一方面，柑橘、柠檬、猕猴桃等水果类产品在消费市场中属于鲜果售卖的情况，水果口感、甜酸比、水分等因素影响产品质量，但在种苗选择、水果种植等前端过程中就已经决定了这些影响因素，无法通过采取产业后端的工业加工手段进行改变。如成渝地区的柠檬种植品种95%以上为病害风险较高的尤力克及其新系，但国际市场偏好于"无籽"柠檬，致使其难以拓宽国际消费市场。另一方面，水果精深加工产品虽能在后期加工过程中适度地改变物理或化学性状，以达到市场所需的口感、味道等产品要求，但随着有机健康生活方式的普及认可，市场相关消费偏好也更加偏向于选择保留水果原有成分和味道的加工产品，这对水果本身的品质提出了更高的要求。因此，构建成渝水果产业集群需要更加重视提升产业前端的良种繁育水平以及更新优化种植手段。

　　加快完善成渝地区水果业良繁体系建设。根据市场需求、种植环境、气候条件等外在因素，以构建水果良种繁育基地的方式，合理设置不同类型水果的良种繁育计划，引进或培育一批成熟时间有差异、果肉口感符合市场需求的优势品种，以种质更新换代来解决产业内部质量水平良莠不齐的问题，以种类、品质、口感、上市时间的差异来增加成渝地区水果的市场竞争力。此外，围绕各类水果良种繁育基地建设，内置无病毒母本园、采穗圃、苗圃、品种展示园等果树种质资源收集保护载体，广泛开展果树种质资源收集保存及系统鉴定评价工作，可采取隔离网室保存、组培离体保存、低温保存和超低温保存等方法，实现成渝地区果树种质资源的收集与保护，加快区域性"新品种、新材料"母本园、品比园、采穗圃、砧木圃、育苗圃建设规范的技术研究工作，强化区域水果种质资源的产业支撑作用。同时，对种质资源圃雇用专职人员负责相关资源的分发，内部搭建线上订货线下供应的种质供给渠道，为经营主体提供种子、树苗、花粉、花朵等多种形式的种质资源以满足种植需要。

推动果园种植配套技术装备升级。成渝地区丹棱县、蒲江县、仁寿县、安居区、潼南区等水果主产区还有一部分低效老果园，采取传统种植方式进行施肥、灌溉、除草、防虫，缺少机械化、智慧化管理设施装备，导致老旧果园所生产的产品品质相对偏低而无法满足国内外消费市场的需求。面对高质量成渝水果产业集群全球价值链建设需要，可分区分批地集中连片开展老旧果园改造升级工作，开展"砧穗互作、高接换种、精准肥水、土壤有机质提升"等品质控制研究，制定标准化生产技术规程，推动水肥药一体化、绿色防控、高光效修剪等新技术集成，完善果园基础设施配套，提高机械化应用水平，扩大新品种应用比例，提升现有果园机械化、现代化水平，通过种植管理技术改良保障成渝特色水果品质。此外，潼南国际现代农业产业园、江津国家现代农业产业园、蒲江现代农业产业园等现代化园区，具有较高水平的科技、机械投入，可开展更加具有针对性的技术、设施、设备更新升级工作。具体而言，根据市场消费需求和科技创新供给两个方面，合理制定园区改造升级方案，引进国内外先进机械并进行适应性评价、利用与改进提升，优化关键零部件和整机作业性能，研究适宜机械化发展的农艺措施、耕作、施肥、植保、修剪和采摘等技术，提升果园生产管理的机械化水平。

8.2.2 强化产业后端产品价值赋能

除产品自身品质影响成渝地区特色水果市场价值外，产业后端的加工方式、品牌体系、包装设计等外在因素都影响着产品供应与市场的适配程度，进而影响着果类产品在交易过程中所能实现的市场价值大小。如日本将柿子作为主要原料或辅助材料，创新开发柿果糕点、腌渍品、保健饮品等食品类，柿涩面膜、柿涩染织、染发美发等日用品类，以及工艺品、美术品等文创类精深加工产品，最大限度地提高了区域柿子的市场附加值。而新西兰柿子产业通过品牌文化塑造，推出寓意"世界上见到第一缕阳光的地方"的"First"品牌，以鲜食柿子畅销国际市场。而成渝地区内部的安岳柠檬、蒲江丑柑、奉节脐橙等区域品牌只形成了小范围品牌效应，且工业化加工产品仍以果汁、果胶、果酒、精油等初级产品为主，如安岳柠檬销售只包括即食、冻干、鲜销3个部分，在消费市场中的附加值增加空间也较低。为此，在构建成渝水果产业集群时也要重视产业后端的精深加工产品创新和区域品牌价值再造。

水果加工主要包括鲜果初级加工和产品精深加工两个部分。对鲜果采取清洁、筛选、包装等初级加工手段，能有效地改善鲜果产品品质以提升附加值，围绕此类加工需求应当完善生产区域内的果品清洗、分级、包装、预冷等采后商品化处理设备配置，筛选并引进果品品质（大小、糖度等）无损检测技术和设备，推动成渝地区鲜果初级加工达到国际市场销售水平。除水果品种对精深加工实施有一定影响外，加工技术手段的创新也能在一定范围内突破品种对加工行为实施的限制，因此需要加大生物、工程、环保、信息等技术集成应用力度，加快新型非热加工、新型杀菌、高效分离、节能干燥、清洁生产等技术升级，设立成渝鲜果精深加工和综合利用加工技术装备目录，开展精深加工技术和信息化、智能化、工程化装备研发，创新果肉精深加工以及果沼、果皮等副产物的综合利用方式，以技术升级推动成渝地区丰富水果精深加工的产品，以满足全球水果细分市场的产品需求来提升产品价值水平。

农产品品质无法同工业产品一样进行直观的感受，良好的品牌体系往往成为消费者辨别产品质量的关键，消费群体对农产品品牌的认可能够间接增加品牌产品的附加值。通过建设农业区域品牌和企业品牌的成渝地区水果品牌体系，形成独特的品牌文化效益从而增强产品市场竞争水平，提高其在国内外市场中的占有率、声誉和影响力。区域品牌建设是构建品牌体系的基石，围绕成渝地区已有的安岳柠檬、万州柠檬、蒲江丑柑、奉节脐橙等区域品牌建设基础，以"提升旧品牌+补充新品牌"的方式构建区域小品牌，并在此基础上按特色水果种类归纳划分成渝大品牌，形成"成渝大品牌+区域小品牌"的成渝各类水果区域公共品牌"大小"体系。在区域品牌的基础上，鼓励企业根据自身优势，围绕公共品牌，差异化塑造自主品牌形象，形成区域品牌下的企业品牌体系，以补充完善区域品牌，逐渐实现成渝地区特色水果品牌全覆盖。同时，拓宽区域晚熟柑橘、柠檬、猕猴桃等水果营销展示方式，积极参加"农博会""广交会""香港亚洲国际果蔬展""俄罗斯国际食品展览会""日本国际农业展"等重要商贸活动，推动国际水果产品质量认证，加强区域公共品牌的国际化宣传以提升品牌市场影响力。

8.3　发展成渝大健康产业集群

中医药作为我国独特的卫生资源、经济资源、生态资源以及具有独创性的科技资源、文化资源，在经济社会发展过程中发挥重要作用。随着我国人口老龄化进程加快，特别是在2020年新冠病毒肆虐全球后，对中医药服务的需求越来越旺盛，不仅在国内有较大需求，在国际市场中也有一席之地。2017—2019年我国中药材出口额从32.45亿美元增长至37.36亿美元，年均增长率达到了5.04%，但日韩两国中药产品占全球市场的80%，与日本、韩国相比，我国出口规模仍然偏小，中成药出口所占比例更少[①]。成渝地区得天独厚的地理条件孕育了丰富的动植物中药资源，中药产业也成为其农业产业中的重要组成部分，但在发展过程中仍然存在种植生产不规范、产品结构单一、品牌打造滞后、科技支撑不强等问题，在构建成渝大健康产业集群过程中需要不断地改善提升。

8.3.1　推动药材标准化种植

成渝地区大健康产业集群发展是建立在高质量的中药资源基础之上的，需要从质量认证、基地建设、技术长效、平台建设等多个方面发力，推动区域各类中药材的标准化生产，有效保障成渝地区特色中药材生产加工质量的统一。

建设标准化基地是推动成渝地区中药材标准化生产的根本。围绕区域川芎、丹参、白芍、党参、天麻等道地中药材主要产区，建设一批道地药材良好农业规范化（GAP规范化）种植基地，在中药材的重要种植区域、连片种植区域，建立完善灌排、水肥一体化、病虫害联防联控、产品初加工等基础设施，促进川产道地中药材企业和产业在基地内部的聚集，以先进要素聚集利用保障产品质量。同时，建立"企业集群+合作社+农户"的中药材生产模式，打造以基地为中心的组织产业联合体。集聚种苗繁育基地、科研院所、种苗企业等主体的力量，建设区域综合性中药材种苗繁育基地，开展具有一定难度且有共性需求的药材种子种苗繁育工作，确保成渝地区中药材种源高质、品质优良，为区域中药材标准化种植提供种质资源支撑。

建设标准化生产体系是推动成渝地区中药材标准化发展的核心。依托四川省中医药标准化技术委员会、四川省道地药材系统开发工程技术研究中心等相关主体，开展成渝地区道地药材认证工作，根据产业发展特点设立包括认证规则和产品标准在内的成渝道地药材认证标准体系，并配套相应的服务和管理办法等制

---

① 朱蕾. 我国中药产业国际化发展的挑战、机遇及推进策略[J]. 对外经贸实务，2020（11）：57-60.

度，培育、批准一批道地药材认证服务机构，以保障产品生产的质量。同时，与科研机构合作开展川芎、丹参、白芍、党参、天麻等道地中药材产业标准研究，从良种繁育、种苗、种植、采收、加工、包装、保存、运输等全产业链角度制定操作规范、生产技术规程、种质种苗质量标准、种质繁育技术规程等，构建优质道地药材全产业链生产技术规范与质量标准体系，以各类规程标准规范基地药材生产质量。

建设中药资源基础数据库，实施野生中药资源保护工程，是成渝地区中药产业标准化发展的技术资源支撑。深度挖掘全国中药资源普查数据，开展中药材野生资源的品种、规模、产量等基础数据的系统性收集、整理和集成，全面了解成渝地区野生中药资源的体量、分布、质量等现状，建立多级协同的成渝重要资源基础数据库。开展区域野生中药资源保护工作，对濒危和特有的中药种质资源进行收集、保存、筛选和扩繁，建设野生资源保存园圃，通过野生抚育和人工种植驯化技术研究，扩大濒危药用资源种群规模，巩固成渝地区中药资源优势。

8.3.2 提升中药产品市场附加值

面对充分发挥我国超大规模市场优势和内需潜力，构建国内国际双循环相互促进的新发展格局，成渝地区大健康产业要集中精力开展中药产品的创新研发，通过创新产品加工技术、建立产业技术创新平台、建设加工示范基地、完善中药产品品牌体系，生产满足消费者多元化功能需求的产品，从而提升成渝中药产业产品在市场中的附加值。

成渝地区中药产品创新研发，是提升中药产品附加值的基础。通过对中药产业基础和关键技术的研发投入来提升川芎、丹参、白芍、党参、天麻等道地药材的有效成分含量，推行生物措施增产，减少农药化肥施用。加快发展"药、酒、果、茶"等关联中药衍生品，积极扩大复方中药提取物、单味中药提取物产业规模，重点发展药食同源植物提取物、植物提取粉（液体）剂，创制片剂、饮片等即食性产品，开发符合现代康养标准的中药材产品，满足现代医疗与康养保健行业的需求。以黄精、花椒（蜀椒）、陈皮、天麻、石斛、乌梅、桑蚕、枳壳等川产道地药食同源中药材为主要发展品种，在成渝适宜地区大力建设药食同源中药材研发基地，推进中药材食用化、药品化开发利用，促进成渝地区中药材产业升级。

搭建中药材加工炮制重点实验室，是提升中药产品附加值的支撑。充分利用成渝地区相关科研院所的技术实力和优势，建设中药材加工炮制重点实验室等科研载体平台，开展川芎、丹参、白芍、党参、天麻等药材产地加工与饮片炮制关键技术研究，优化和提升加工关键技术，推进中药材加工炮制标准化、规模化、集约化。

加工示范基地建设，是提升中药产品附加值的保障。围绕成渝的川芎、丹参、白芍、党参、天麻等道地药材产区，重点培育建设一批中药材初加工基地，依靠技术含量高、产品符合市场要求、规模化程度较高的加工企业，推动中药材加工炮制重点实验新技术的应用推广，提高清洗、干燥、分选和包装等加工过程的机械化、自动化水平，推动产品开发向特色炮制中药饮片、大健康产品等高层次精深加工方向发展，推进中药材产地初加工标准化、规模化、集约化，开展趁鲜切制和精深加工，提高药材加工品比例和规范化水平，增加附加值。

构建成渝地区中药产品的品牌体系，是提升中药产品附加值的关键。按照"政府引导、企业主导、产区协同"的思路，培育成渝中药大品种、大企业、大品牌，不断提升区域中药材产品的品牌影响力。加强专业市场和信息服务平台的资源调配，对产业种植、加工、市场等信息进行有效整合，制定中药价格标准参考体系与指导机制。建设成渝中药文化体系，传承川派饮片炮制工艺，加强川药老字号品牌传承、考证与保护，促进区域中成药品牌建设。

8.3.3 加快康养融合产业发展

构建康养旅游体验场景。基于成渝地区传统道地中药材产区，结合"避暑胜地、康养天堂"的优势与农商文旅体融合发展的各类空间载体，建设一批中药材种植、加工、康养（医养）全产业链融合发展的中医药大健康示范区。促进中药材种苗繁育、精深加工、产品创制、标准示范等生产环节与康养休闲和农商文旅体产业的融合发展，规划建设中药产业城、康养小镇，孵化产品特色鲜明、技术领先、产业链完整的"川药"大健康产业集群，丰富以产业生产场景为支撑的康养旅游消费场景。

提高康养旅游服务体验水平。一是要加快康养产品的研发创新，以满足不同消费场景下的功能需求。基于成渝地区中药材生产方式和地域要求，探索能更好利用产业生产本身的、提升旅游体验的产品和服务形式。在提升康养线路游览、康养项目参与、康养产品购买等传统服务产品体验感的同时，应用现代信息技术开发远程直播参观中药园、中医药文化知识讲座、在线咨询服务等新的康养体验形式[①]，加快线上线下体验产品的提升创新。二是要加快康养产业的基础设施建

---

① 张贝尔，黄晓霞. 康养旅游产业适宜性评价指标体系构建及提升策略[J]. 经济纵横，2020（3）：78-86.

设，提升游客的舒适度。围绕青年学生、年轻白领、老年人等不同消费群体的康养需求，合理规划布局场景内部的基础设施，要重视网络基础设施、大数据基础设施、智慧康养应用基础设施等先进技术的载体建设。三是要健全公共服务的政策支撑体系，加大对成渝地区中药康养旅游产业的扶持力度，加快完善相关交通、接待和环境的建设打造。

8.4 发展成渝茶叶产业集群

成渝地区茶叶从全国水平来看，在规模和效率方面存在一定的优势，但与浙江省、福建省等地相比，仍然存在较大的差距[①]。有研究发现，较高的人工成本、小散的企业主体、较低的产品质量都是制约四川省茶叶市场竞争力的主要因素。如四川省茶叶标准化推广率相对较低，只有37%左右的农户了解标准茶园生产标准，茶叶种植以散户为主。面对区域茶产业加工工艺、设备落后，宣传力度低，市场营销理念陈旧的现实困境，需要进一步探索提高产业化生产水平、创新加工产品研发、完善产销功能布局、发展农旅融合，进而实现区域茶产业链条的延伸，提升成渝茶产业集群的市场竞争力。

8.4.1 升级区域产业生产水平

从全国层面来看，面对茶叶种植面积的不断扩大，茶叶作为相对小众、消耗速度相对缓慢的农产品，占取消费市场的优势并不在于数量而在于质量。成渝地区特别是四川省作为我国茶叶主产区，在2019年，四川省茶园面积达到575.0万亩，干毛茶产量30.1万t，干毛茶产值279.7亿元；重庆市茶园面积达到70.3万亩，干毛茶产量4.1万t，干毛茶产值35.0亿元。四川省和重庆市的茶园总面积占全国茶园面积的14.03%，干毛茶总产量占全国的12.24%，干毛茶总产值占全国的13.13%，单位干毛茶的产值在我国茶叶主产区中排名靠后（表8-3）[②]。成渝地区要想通过扩大种植面积来获得更多效益，优势增长空间并不大。因此，未来应当从提高区域生产水平入手，建设提升标准化茶产业基地，增强茶园生产智慧化水平，实现成渝地区茶叶产品质量提升。

---

① 陈春燕，杜兴端，熊鹰，等. 综合比较优势指数法评估四川茶叶产业的竞争力[J]. 贵州农业科学，2016，44（2）：199-202.

② 资料来源：2019年中国产业产销形式报告，https://net. fafu. edu. cn/ccyfy/15/0b/c9282a267531/page. htm.

表8-3　2019年全国主要产茶省干毛茶产量和产值

地区	产量（t）	产值（亿元）	单位产值（元/kg）
湖北省	335 400	157.49	46.96
云南省	399 957	198.17	49.55
湖南省	223 111	146.85	65.82
福建省	412 000	297.27	72.15
广西壮族自治区	88 312	68.33	77.37
重庆市	41 241	34.97	84.79
四川省	300 951	279.69	92.94
广东省	103 496	105.00	101.45
安徽省	137 094	145.50	106.13
海南省	920	1.01	109.78
贵州省	286 046	321.86	112.52
浙江省	181 096	224.74	124.10
山东省	26 620	33.10	124.34
河南省	75 303	122.36	162.49
陕西省	91 683	162.96	177.74
江苏省	15 352	27.66	180.17
甘肃省	1 397	2.65	189.69
江西省	7 340	66.39	904.50

　　成渝地区茶园等种植基地技术、设施、设备的换代升级，是提升区域茶产品质量水平的一大关键，基于现代信息化技术构建标准化种植基地，通过科学化的种植管理来有效满足消费市场中对产品质量的需求。一方面，加快完善升级标准化基地智能化技术创新研发，加大物联网等先进新技术在成渝茶园中的利用，解决传统茶叶种植在灌溉、施肥、除虫等生产阶段的盲目性，提高茶叶生产过程的控制水平。另一方面，围绕物联网等创新技术推广应用的需要，创新研发灌溉、施肥、采摘等智能化精准化设施设备，实现茶产业由传统人工种植向机械化智能化种植的转变，通过精准的操作、控制、管理保障区域茶产品的整体质量水平。

　　在长期的发展过程中，成渝地区逐渐形成龙头企业、专业合作社、种植大户与小农户联合发展的"公司+农户+基地"的发展模式，此模式在过去成渝茶产业发展中发挥了很好的带动作用。随着市场对绿色生态产品需求的增加，要求茶园应用推广更加智慧化、科技化的技术和设备，小农户作为茶叶基地最为直接的种者，在"公司+农户+基地"的经营管理模式中无法快速准确地掌握相关技能。因此，围绕成渝地区茶园智能化和智慧化的建设趋势，加快区域茶园组织机构的转变，在其中引入专业技术人才。一方面，对基地农户进行技术和设备使用的常态化培训，增强种植主体的整体素质；另一方面，也可以根据集体土地改革要求探索全程代管的经营模式，保障茶园等基地的整体种植水平。同时，探索股份合作为主导的利益联结机制，通过有效的主体利益关系增强产业组织内部的内生稳定性，为成渝地区茶产业集群式发展奠定坚实的多元主体基础。

8.4.2　加快茶产品创新研发

茶叶作为生活中的非必需消费产品，市场受众面相对偏小，在电商消费平台上19～30岁的消费占整体消费的46.8%，消费群体年龄出现低龄化（图8-1），针对年轻群体便捷、快速的生活、工作方式，传统的单一冲泡型产品在消费市场中的竞争力逐渐削弱，需要加快茶产品的创新发展以适宜市场需求的变化。而且不同品质的茶叶有着不同的消费受众人群，就四川省而言，尽管全省有4 000多家与茶叶相关的企业，但几乎60%的茶叶都只是初加工后进行销售，这也需要成渝地区的茶叶产品构建出分质分级的市场销售体系，适度提升高价产品的数量和种类，以适应不同使用环境、工作性质、收入水平消费人群的需要。此外，茶叶所具有的保健功能为其在食品、保健品、功能饮料等领域的利用奠定了基础条件，是未来成渝地区茶产业开拓国内外消费市场的重要产品创新研发路径。

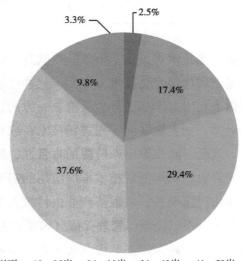

■18岁及以下　■19～25岁　■26～30岁　■31～40岁　■41～50岁　■51岁及以上

图8-1　2021年中国茶叶线上消费者年龄分布

与淘宝、天猫、京东等电商平台合作，充分应用消费者大数据，从消费价格接受度、产品类型偏好、产品品质需求、产品口感喜好等方面构建消费者画像，并以此为依托统筹布局不同品质、类型茶产品的加工点，拓宽茶叶加工产品的质量维度，以满足不同消费群体的消费需求。同时，针对现代生活不同场景对茶产品使用的需要，创新研发符合使用场景需要的产品，如针对工作间隙放松类使用场景，可创新研发快捷化的茶包冲泡类产品；针对学生课间提神类使用场景，可创新研发多种茶口味的瓶装饮料类产品；针对国外消费群体的文化体验类使用场景，可创新具有文化体验性质的产品，以产品设计细分来满足消费市场的细分。

随着生活经济水平的提升，人民生活观念逐渐向健康、生态、绿色方向转变，对功能性产品需求呈现上升的趋势。农产品作为居民生活中占比最大消耗类产品，对其营养功能、感官功能和调节生理活动功能进行创新研发，能最大限度地提高农产品在国内外消费市场的竞争力。茶作为我国传统的饮用产品，内含了蛋白质、矿物质、茶多酚、茶氨酸等多种对人体健康有益的物质成分，具有抗氧化、抗突变、减轻心血管疾病等作用，这也为其功能性产品开发奠定了基本物质基础。因此，要加强茶叶精深加工关键技术研发及产业化工程实施，依托茶叶龙头企业，开展茶食品、茶饮品、茶药品、茶保健品、茶日用品以及茶多酚、儿茶素、茶氨酸、茶多糖、茶色素、茶皂素、茶籽等深加工产品的关键技术研发。进一步改进和完善成渝地区名优茶加工工艺技术，开发生产优质特色的名优茶产品，促进茶叶在食品、医药、化工、保健、饮料、建筑等领域的广泛利用。围绕关键技术的研发基础，针对婴幼儿、青少年、女性、中老年等特定消费群体，开展具有功能性蛋白、功能性膳食纤维、益生类、生物活性肽等功能因子的产品创新开发。

8.4.3 完善产品产销功能布局

茶树喜欢温暖隐蔽的环境，在漫射光照条件下，新梢内含物质会更加丰富，能促成儿茶素和含氮化合物的合成，实现茶叶品质的自然提升，因此好茶往往产于高山之中，而成渝地区的茶叶种植通常位于远离平原城市的丘陵地区，四川省茶叶主产区主要布局在雅安市、自贡市、眉山市、邛崃市、宜宾市等丘陵地区，重庆市茶叶主产区也主要分布在永川区、秀山县、渝中区、大足区等山丘区域。茶叶的种植环境决定了其生长空间区域优势并不明显，在交通、人流、市场等区域因素并不是产品精深加工和销售的最优选择区域。因此，成渝地区茶产业集群的建立可以推动产业生产、加工与销售功能布局适度的空间分离，充分利用不同区域的地理空间优势，利用成都市和重庆市主城区的市场资源优势扩大茶产品的销售渠道和力度。

围绕成渝地区蒲江县、邛崃市、名山区、永川区、秀山县、大足区等茶叶主产区域，遵照"分散初制、集中精制"的理念，优化区域内加工点布局。一方面，鼓励合作社、龙头企业或家庭农场等新型经营主体在规模化主产区周边布局具有一定加工能力的初加工点，在保障自身产品初级加工需求的同时，以收取一定服务费的方式帮助个体茶农实现采摘鲜茶的就近加工，最大限度地降低茶叶从采摘到加工的时间。另一方面，围绕资源的聚集效应，在一定区域设立具有一定服务范围的茶叶精深加工点，根据茶产品创新研发的需要开展集中精制工作，提升区域茶叶精深加工的整体水平。同时，依托成都市和重庆市主城区等地的交通、人流、资金等区域要素流动优势，以雅安市蒙顶山茶叶交易所为基础，设置涵盖"高品质茶商贸易、优质茶品认定、茶产业担保金融"等服务功能，坚持以市场为导向、质量为重点、卫生安全为核心、企业为主体，充分发挥成渝茶产业优势，拓展国际国内茶叶市场，扩大茶叶生产企业的主体队伍，培植龙头企业，建设多个集茶叶市场（线上线下）、茶文化展示、培训、检测、会议、交流、茶事活动、仓储、物流等于一体的国际茶城综合体，实现对茶叶产区销售、培训等功能的补充，也增强成渝地区茶产业的市场影响力。

8.4.4 推动茶旅融合探索发展

茶旅产业是将现代茶叶与现代旅游业相结合的新型业态，以传统茶文化为抓手大大丰富了旅游形式，增强了游客在其中的体验感和实践感。茶文化为茶旅产业发展的基石，在传承传统文化的基础上，创新文化产品的载体、方式及体验途径，只有实现传统内容与现代方式的有效结合，才能保障茶文化传播的强度和广度，从而推动区域茶产业的可持续发展。此外，旅游业的加入为茶产业发展带来了新鲜力量，作为成渝地区乡村旅游的重要组成部分，也应当匹配相应的旅游设施、旅游产品、旅游活动等，以增强游客参与感，保持游客新鲜感。

依托中国传统制茶、饮茶的文化，深入挖掘道家、儒教等传统文化，整理成渝地区的茶叶民间故事、茶俗、茶歌、茶艺、茶道等文化资源，构建成渝地区茶旅产品、活动等元素的文化资源库，通过产品和活动的设置将茶文化融入食、住、行、游、购、娱等各个环节当中。依托邛崃市、洪雅县、丹棱县、雨城区、名山区等地生态优势，在传统茶业基础上培育茶旅融合新业态，促进一二三产业融合，布局建设一批智慧茶园项目，形成智慧茶旅融合环线，构建"以茶兴旅、以旅促茶"的新格局。同时，茶马古道作为我国茶文化的重要组成部分，可顺应目前茶马古道研究发展热潮，选取区域内部具有一定文化影响力的关键古道节点来设计茶马古道旅游路线。依托茶旅融合线路，针对学生、家庭、公司、朋友等不同旅游人群，开发与名人轶事相融合的、依托当地实景茶园风光的、适合不同年龄层的茶文化研学旅游产品。升级茶叶采摘、泡茶学习、茶技体验等单一体验项目，围绕茶饮、茶品、茶艺、茶道、茶经、茶俗等开发沉浸式体验项目，加大VR等视觉体验科技在其中的应用，激发游客参与其中的兴趣和热情。同时，根据相关茶旅产品的开发，以茶叶生长周期关键节点和茶叶制作程序等内容设置一系列的茶文化旅游活动，开设茶汤温泉、特色茶餐、主题民宿、纪念品定制等体验项目，满足游客注重主体、深度体验的需求。

8.5 完善产业体系推广载体建设

成渝地区特色产业体系整体输出，需要一定的平台作为支撑，包括农产品输出平台和文化输出交流平台，通过平台载体的建设推动以文化为核心的成渝地区特色产业体系整体输出。

8.5.1 探索"一带一路"成渝特色产品海外交易中心

我国从20世纪60年代围绕外向型农业发展计划，开始建设各层级的农产品出口生产基地，从生产端满足国际市场的农产品需求，为我国农产品打入国际市场奠定了坚实基础。出口生产基地的内部生产按照国际市场需求安排生产、调整结构，对国际农产品市场具有较强的针对性和实用性，基地内部生产的设施设备、管理经营先进，以国际水平为基本生产标准，保障生产农产品的整体质量，为国际市场提供了丰富稳定的货源，提高了我国农产品国际竞争的实力。成渝地区应当围绕特色调辅料、水果、中药材、茶叶等特色产业海外交易需要，新建或提升区域相应的农产品出口生产基地，完善种业生产到加工再到交易的全产业链，并与国内外科研院所合作分析"一带一路"沿线国家农产品市场需求数量及结构，并充分考虑农业生产周期与市场消费周期关系，统筹调整基地内部农产品生产结构，增强区域农产品种类、数量、质量与国际消费市场的匹配度。

围绕农产品市场附加值提升的加工需求，依托带动特色产业的集中连片产区，增强标准化、智慧化、机械化的生产能力，围绕冷链物流、储藏保鲜、精深加工、"功能化、个性化"定制等技术体系，加快"大数据+""互联网+""智能制造+"的食品工业装备业制造能力，为特色农产品国际化插上现代工业化的翅膀，推动成渝合作共建全国领先的农产品（食品）"智能装备"基地。加快建设中国（成都）国际农产品加工产业园区，按照"核心区+配套区+多点基地"总体布局，立足各区发展现状，以青白江农产品加工园区为核心，推进青白江—广汉农产品加工园区协同发展，提高成渝范围内现有各类农产品加工园区发展水平。随着国内外的消费升级，应当重视区域农产品精深加工能力的提升，依托现代农业园区、特色工业园区、农民创业创新基地、小企业创业基地和孵化平台等载体，重点引进农产品加工龙头企业，支持企业自主进行智能化食品工业、集约化绿色制造技术和装备引进工作，合作研发新设备、新技术、新产品，打造一批与国际加工标准接轨的农产品出口加工基地。

2019年我国跨境电商农产品贸易额达到了52.9亿元，同比上年增长19.2%，占我国农产品贸易总额的2.3%[①]。而就四川省而言，2019年1—9月，农产品贸易额达到85.95亿元，通过电商渠道的份额占到了20%[②]。由此可见，未来发展壮大农产品跨境电商产业，是提高成渝地区特色农产品海外交易水平的重要路径。一方面，配套培育一批实力强大的跨境电商企业，合作搭建专业的农产品跨境电商平台，支持已有的跨境电商平台扩大出口服务范围，在平台内部建立集贸易、支付、运输、交流、信息、服务等功能于一体的农产品海外交易服务体系，也可培育跨境农产品交易、清算、融资、保险和法律服务等生产服务性产业，保障成渝地区农产品国际化交易的时效性和服务质量。另一方面，要配套建设高质量国际化的农产品物流服务支撑体系，充分发挥青白江成都国际铁路物流港的优势，加快融入国际农产品贸易体系，按照"辐射西南、带动全国"的思路，围绕提升"买全球、卖全球"的系统能力，搭建"一带一路"农产品交易中心，加强与"一带一路"沿线国家（地区）协作，建设内陆地区联通丝绸之路经济带的西向农产品国际贸易大通道。

8.5.2 探索"海外成渝饮食文化交流中心"

单一的农产品海外销售在扩大产品国际影响力方面的作用是有限的，而同步实施成渝独特的饮食文化输出能为区域特色农产品赋能，通过相关联的饮食文化消费带动区域农产品消费，提升成渝地区特色农产品的国际市场优势。具体而言，以优质特色农产品贸易为载体，以独特饮食文化输出为内涵，实施"成渝饮食文化出海"行动计划，面向"一带一路"沿线国家，通过"政府+海外协会"模式，按照市场经济配置原则，合理选择海外优势地区，建设一批海外成渝饮食文化交流中心，在成都国际机场临空区建设成渝饮食文化交流中心，围绕饮食文化海外传播、企业对接、产品销售供应服务等需求，完善成渝饮食文化交流中心发挥饮食文化和品牌传播、海外企业对接、产品销售供应服务功能的基础设施保

---

① 资料来源：http://www.xinhuanet.com/food/2020-11/17/c_1126748492.htm.
② 资料来源：跨境电商农产品贸易发展特点与制约因素——以四川省为例。

障体系，内连内地生产者、外联海外消费者，建立成渝饮食文化输出新窗口。

成渝饮食文化交流中心的实体化运行是保障成渝地区饮食文化持续输出的关键点，其公共服务性质决定了中心的运营管理应当以地方政府为主导的模式进行，通过适度的宏观调控方式减缓或避免市场失灵问题，也可鼓励相关企业参与其中，增强相关政策和制度在市场发展实施过程中的匹配程度。一方面，采取"政府财政+社会资金"相结合的方式，构建成渝饮食文化交流中心运行资金支撑，可由四川省和重庆市地方政府协同商量出资组建"产业体系国际发展资金"，鼓励吸收国内外企业、海外华侨等社会资本参与建设，探索发展营利性企业海外服务，保障海外川味文化中心建设运营资金来源。另一方面，组建由政府代表、企业代表、海外人员构成的协会管理运营组织，制定"服务成员选择机制、产品海外推介机制、企业对接机制、市场信息流通机制、投入资金管理机制"等中心运行机制体系，发挥各自优势，协同推动中心实体化运行。其中，地方政府应当发挥资金、政策、人才的服务功能，根据饮食文化传播的需要合理制定支持成渝饮食文化交流中心运行的资金、人才、活动、交流政策。海外协会发挥自身内外资源联系优势，在对接海外消费群体、产品海外推进等海外宣传工作中发挥作为。企业是成渝饮食文化交流中心运营管理的核心主体，可以根据不同国家农产品消费和饮食习惯，合理选择海内外相关成渝农产品出口企业，共同围绕农产品出口特点，辅佐地方政府制定相辅相成的饮食文化输出计划，保障成渝独特饮食文化的高效输出。

任何形式的海外文化交流中心，相关文化的传输都是通过一系列交流活动来实现的，而活动的举办方式、时间、内容等都需要与当地的传统习惯相吻合，才能最大限度地发挥文化交流活动。一方面，强化区域传统文化与当地风俗文化融合，创新包含美食品尝、传统故事演讲、美食制作等川味文化交流活动。另一方面，加快成渝饮食文化交流中心工作人员培训培育，在加强对成渝地区传统饮食文化了解的同时，也增强成渝饮食文化交流中心人员对当地社会风俗、历史文化、宗教信仰、思想观念的了解，使得海外群众在活动中获取成渝传统饮食文化信息的同时，也从工作人员的服务当中更进一步地感受成渝地区传统饮食文化的魅力。

9 要素协调：营造区域资源要素整合生态

提升都市农业安全保障力、产业控制力和市场竞争力，聚焦产业链本身关键环节的升级转型是其关键，这需要自由、优质、多元的要素资源作为基本支撑。通过营造良好的产业生态环境，保障区域之间、城乡之间资源要素的自由流动，进而推动技术、设施、设备等产业链提升手段应用的效率和效益。需要重点强调的是，都市农业作为一种科技密集型现代农业业态，除对传统的土地、人才、资金、平台等资源统筹布局外，科技要素在产业控制力提升中发挥着不可忽视的作用，在成渝地区都市农业发展中需要重视对科技资源的融合应用。

9.1 布局区域要素协作平台

推动城市与农村之间、区域与区域之间生产要素的公平流转与合理配置。将要素平台嵌入现代农业产业体系建设之中，实现现代农业内部的要素聚集与产业升级，以平台作为节点改善信息不对称的生产要素流通模式，有效改善农业的经营模式[①]，实现获取规模化效益和降低生产成本的双重农业发展效用。都市农业作为成渝地区现代农业发展的新业态，构建多种都市农业要素的协作服务平台是带动成渝地区都市农业高质量发展的关键。四川省和重庆市已经在区域内部开始相关的实践探索，包括农村土地交易服务平台、农业科技创新服务平台、农村金融服务平台等，在此基础上构建成渝地区跨行政区域的协同服务平台体系。

9.1.1 搭建要素协作服务平台网络

平台建设是后期推动成渝地区各类产业要素统筹流转的核心载体，要保障都市农业各类要素的自由公平流动需要搭建出完整的要素协作服务平台网络。具体来说，在横向上，所涉及的范围应当包括都市农业发展所需的重要投入要素及主要产出要素；在纵向上，引导设置不同层级的协同服务平台，以发挥不同的功能

---

① 隋福民. 为什么农业产业升级需要平台赋能——兼论中国农业农村现代化和乡村振兴的独特道路[J]. 开放导报，2020（5）：70-77.

与作用。

成渝地区都市农业要素协作服务平台网络横向搭建，目的在于实现生产要素服务范围的全覆盖。如表9-1所示，成渝地区都市农业发展所涉及的主要要素可划分为投入要素与产出要素两大类，其中，投入要素包括"人、地、钱、技、信、种"6类，是农业现代化发展所必需的要素，当然也是成渝地区都市农业建设发展所需要的。而根据都市农业融合性特征，将产出要素分为"产品、品牌、功能"3类。针对土地、种业和产品这3类具有"私有"性质的要素，关键在于搭建要素的交易服务平台，通过市场化交易来保障此类要素的高效流通；针对科技、人才、资金、品牌等具有"共有"性质的要素，关键在于搭建要素的协同服务平台，通过搭建相关服务载体，扩大此类要素在四川省和重庆市之间的流通范围。

表9-1 成渝地区都市农业产业要素类型划分情况

要素类型	投入要素	土地	土地交易服务平台
		科技	科技协同服务平台
		资金	资金协同服务平台
		人才	人才协同服务平台
		信息	信息协同服务平台
		种业	种业交易服务平台
	产出要素	产品	农产品交易服务平台
		品牌	品牌协同孵化服务平台
		功能	都市农业功能协同服务平台

成渝地区都市农业要素协作服务平台网络纵向搭建，目的在于协调上下级管理组织逻辑，更好地实现成渝地区都市农业要素自上而下或自下而上的双向流动，形成与行政管理层级相适应的要素流动"大循环"，更好地发挥平台的协同、服务功能。具体而言，四川省与重庆市协作共建顶层要素服务平台，以统筹协调各层级平台关系，更好协调两地服务资源。四川省与重庆市自主建设下层要素服务平台，包括省级、市（区）级平台及县级平台3层，其中省级与市（区）级平台，要做好所涉及的行政区域内部服务需求整合，为服务需求主体提供基础共性服务，解决区域内部要素流动的整体性问题。而县级平台直接连接都市农业经营主体，应当为服务需求主体提供针对性服务，解决区域内个体的具体

要素服务问题，并收集相关服务需求信息，为上级平台的服务供给提供基础参考（表9-2）。

表9-2 成渝地区都市农业要素协作服务平台纵向网络关系

平台建设纵向逻辑结构		各级平台主要责任
成渝地区共建平台		统筹协调各层级平台关系，更好协调两地服务资源
四川省省级平台	重庆市市（区）级平台	行政区域内部服务需求整合，提供基础共性服务，解决区域内部要素流动的整体性问题
四川省市（区）级平台		
四川省县级平台	重庆市县级平台	为服务需求主体提供针对性服务，解决区域内个体的具体要素服务问题，并收集相关服务需求信息

9.1.2 合理优化要素协作服务平台内部功能

投入要素类中的土地、种业与产出要素类中的产品，此3类要素在使用过程中具有非公共物品的竞争性和排他性，并不能实现多个主体的共同使用。因此，此3类要素的流通服务平台功能应当以交易服务为主导，关键在于保障要素交易过程和结果的规范性、合理性、公平性，在成渝地区内部形成统一的制度设定。土地交易服务平台可发挥成都农村产权交易所、重庆农村土地交易所等已有交易载体的信息优势，实现四川省与重庆市两地网上交易系统的贯通。同时，要统一规范各地交易平台网上申请、网上审批、网上交易、网上鉴证、网上结算的"一站式"服务程序制度，形成成渝地区农村产权交易"一张网、一盘棋"。种业交易服务平台可参照国际种业科技成果产权交易平台内的植物新品种权、技术专利、基因元件和育种中间材料4项交易内容，根据成渝地区畜牧业和种植业对新品种的需求，合理设定内部包含品种产权、技术专利等在内的交易范围，对成渝地区种业交易行为进行规范并创新种质交易模式。农产品交易服务平台要立足成渝地区特色农产品的市场优势，规范成渝地区各类农产品市场交易的质量水平要求，构建开放、便捷、高效的"买全川、卖全球"农产品销售网络体系，形成统一的农产品交易国际化交易制度。

投入要素类中的科技、资金、人才、信息与产出要素类中的品牌、功能，此6类要素在使用过程中具有公共物品的非竞争性或非排他性，在一定情况下能实现多个主体的共同使用。因此，此6类要素的流通服务平台功能在于实现要素的高效使用，提高要素价值水平，关键是实施合理有效的服务手段，促进要素资源的聚集，在成渝地区形成具有普遍性的协同服务逻辑。都市农业科技协同服务平台核心是服务对接相关科技需求方与供应方，推动成渝地区都市农业科技创新资源的聚集，并与现代农业功能区（园区）及龙头企业、产业基地深度融合，实现都市农业科技成果的转化应用。农业农村金融协同服务平台关键在于发挥政策咨询、融资对接、风险分担、信息共享等资金服务功能，保障成渝地区都市农业发展的资金需要。都市农业信息协同服务平台的核心功能在于通过对都市农业种业、生产、加工、销售、经营、管理、资金等全产业链的信息收集整理，扩大成渝地区都市农业经营主体的信息获取范围，缓解宏观层面的信息不对称影响，降低合作协同成本。都市农业人才协同服务平台的核心是在整合成渝两地都市农业人才资源的基础上，推动人才资源与科研项目的供需对接。都市农业品牌协同孵化服务平台关键在于发挥对现有品牌的整合孵化服务功能，通过文化赋能、整体设计、多元营销等方面的服务，塑造区域公共品牌的同时赋予相应的品牌附加值。都市农业功能协同服务平台要根据四川省和重庆市不同都市农业主体所要发挥的功能为依托，通过组织活动、召开会议、构建农博会协同制度等方式发挥服务于都市农业的作用。

9.1.3 创新要素协作服务平台管理运营制度

无论是成渝地区都市农业的投入类要素还是产出类要素，最终目的都是要实现要素市场化配置体制机制的完善。对于土地、种业和产品等具有非公共产品性质的要素可以通过制度设定实现市场化的交易流转；而针对人才、信息、科技、资金、品牌、功能等具有公共产品性质的要素服务若完全实现市场手段的配置方式，在市场失灵背景下会造成市场强势主体对市场弱势主体合理权益的侵害，影响最终都市农业要素服务功能的公平性与全覆盖性。因此，两类要素服务平台的管理运行机制也应当存在差异。

土地交易服务平台、种业交易服务平台和农产品交易服务平台在建设初期，可采用"政府引导+市场优化"的方式进行运营管理，实现平台建设初期的资金积累与稳定，达到一定水平后逐步向完全市场化的运营管理方式转变，按交易额收取相应服务费的方式实现平台的运营资金支撑。而都市农业科技协同服务平台、农业农村金融协同服务平台、都市农业信息协同服务平台、都市农业人才协同服务平台、都市农业品牌协同孵化服务平台、都市农业功能协同服务平台具有一定的公共性与公益性，平台自身的获利性、获益性相对偏低，为避免出现"公地悲剧"的情况，其运营管理模式应当采取"市场主导+政府支撑"的方式，对于信息收集整理等公益性部分由政府支持，而针对服务供需对接等针对性行为可通过市场化方式完成，以政府资金与服务收益的"双重"资金支持实现平台的可持续发展。无论是交易服务平台还是协同服务平台，在建设初期为保障资金来源稳定，可探索实施国有企业控股、民营等非国有企业参股运营方式进行出资搭建。

9.2 培育都市农业经营主体

都市农业作为现代农业的一种新业态，其功能复合性造就了对经营主体技能要求的多样性，以农业生产技能为主的传统规模化农业经营主体无法有效地匹配成渝地区都市农业发展需求。2019年，眉山市彭山区信息职业农民培训工作仍集中在特色水果种植方面，包括葡萄种植63人、柑橘种植126人，一年中的培训时间仅为14天。农业农村劳动力年龄结构老龄化和受教育程度偏低化的现实情况，导致现阶段的农业生产主体对新思想、新技术、新方法的接受程度不高，成了限制成渝地区都市农业发展的关键问题。2016年，四川省农业生产经营人员达到了2 429.13万人，但年龄在35岁以下的仅355.71万人，占总人数的14.6%（图9-1）。在四川省农业生产经营人员中，受过高中及以上教育水平的人数占总人数的5.2%，远低于我国农村劳动力高中及以上教育水平人数为17.15%的平均占比，而且其中只受到高中或中专教育的人员就占了4.30%（图9-2）。为此，要实现成渝地区都市农业的高质量发展，培育或引进高素质的青年复合型人才是关键，而构建人才发展的载体与平台是基本支撑。

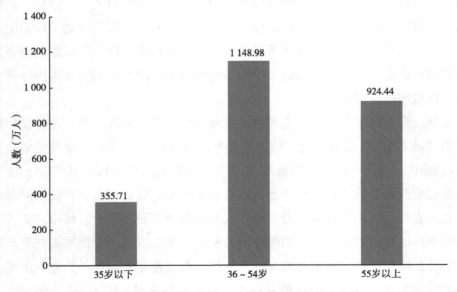

图9-1　2016年四川省农业生产经营人员年龄分布情况

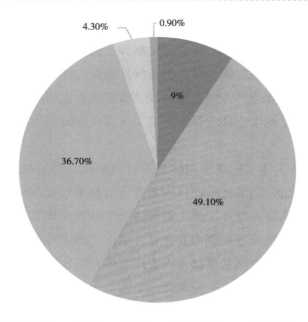

4.30%　　0.90%

9%

36.70%

49.10%

■未上过学　■小学　■初中　■高中或中专　■大专及以上

图9-2　2016年四川省农业生产经营人员受教育程度分布情况

9.2.1　实施都市农业复合型人才培养计划

　　都市农业作为与城市建设发展有着紧密关系的农业业态之一，虽不同的城市化发展阶段对都市农业功能的融合水平有着不同的要求，但对于经营主体的技能需求都不再是简单限制于生产阶段的技能，需要对经营管理、电商销售、旅游服务、仓储物流等产业链建设的相关技能有所了解甚至掌握，而且对生产技能的需求也更加偏向于高度化、智能化的技术、设备的使用，对经营者的综合技能水平提出了更高的要求。都市农业发展技能需求的变化也推动着相关人才培养体系的转变，这要求成渝地区在发展都市农业的过程中要同步推进相关人才引育计划，以适应成渝地区都市农业高质量发展的人才资源需求。

　　以成渝地区都市农业生产、生活、生态功能发展需求为基本出发点，围绕都市农业产前、产中、产后的产业链关键环节，梳理都市农业经营主体能力与技能需求，是保证成渝地区都市农业复合型人才培育计划有效实施的基础。针对都市农业生产功能的表达，主要围绕先进生产技术、设施、设备的应用需要，培育都市农业复合型人才相应的使用技能。同时重视后端产品现代化销售手段的培养，提高相关农产品电商销售能力以及文化创新产品的设计能力。针对都市农业生活功能的表达，主要围绕城市居民生活对休闲、康养、亲子、教育等服务的需要，培育都市农业复合型人才的运营、管理（包含财务）、沟通、服务技能，同时也要注重提升都市农业经营主体自身的文化涵养、道德素质等文化素养水平，以良好的运营模式提升成渝地区都市农业生活场景质量。针对都市农业生态功能的表达，主要围绕都市农业全产业链生态建设及都市农业生态环境打造的需求，培育都市农业复合型人才的生态环境保护思维，从源头保障都市农业发展与生态文明建设的协同推进。

精准遴选培育主体与被培育主体是保证成渝地区都市农业复合型人才培育计划有效实施的关键，需要把握四川省和重庆市两地农业农村人才培育工作的基础，按照统分结合的原则制定两地之间既协同又具有差异的培育和被培育主体选择方式与标准，推动成渝地区都市农业复合型人才的统筹培育。在被培育对象的选择方面，主要选择有意愿从事都市农业产业的青年和退休人员，也要从现有的农业农村劳动力中筛选出具有一定素质水平的"土专家""田秀才""乡创客"等主体。在培育主体（组织）的选择方面，可分为系统性培养的高等院校和阶段性培养的社会组织两大类，前者的培育重点在于为都市农业产业发展培育后备人才资源，而后者的培育重点在于开展提升现有的新型经营主体素质能力的培育工作。一方面，依托成渝地区的西南大学、四川农业大学、四川大学、重庆大学等本科以上的高等院校，开展系统性、高层次的都市农业人才教育工作，可在相应院系中协同申报增加相关专业，或以联培模式与成渝外高等院校合作开展教育工作，增强成渝地区都市农业人才资源的自我储备能力。另一方面，以各地农业职业学院为主导，联系各地社会化人才培育组织，针对成渝地区都市农业发展的产业特性，定期开展阶段性的成渝地区都市农业经营主体培训工作，增强地区都市农业经营主体的素质能力水平。

要保障成渝地区都市农业复合型人才培养计划的有效实施，最为核心的内容是确定两地相应人才的培训教育课程体系，同时也要创新技能培训模式。具体来说，一方面，不同培育主体（组织）需要设定具有差异化的培训教育课程体系。针对本科以上的系统性高等院校，要充分把握成渝地区都市农业发展趋势以及本地都市农业发展条件、学科建设基础，引导成渝地区高校形成一级学科协同、二级学科差异化的都市农业学科体系，涉及文创、设计、金融、营销、管理、信息等多方面的系统性课程。而针对社会化或政府组织的新型经营主体培育组织，根据本地都市农业人才技能的需求定期调整培训课程，并涉及经营、管理、市场分析、设备使用等方面的课程。另一方面，根据相关课程安排，构建模块化的培训方式，与成渝两地的示范基地、产业园区、农业服务中心、龙头企业等合作，开展或增加不同类型的实践类课程，构建"教育培训、参观体验、实习实践、创

160

业孵化"四位一体的培训模式，探索项目化、校内外实践一体化、角色化的培训教学方式，增强学员的自主实践能力，推动成渝两地都市农业人才资源的交流学习。

9.2.2 合作共建高能级都市农业企业园区

与普通现代农业发展不同，都市农业作为要素融合性强的产业，对自然、社会、经济资源要素投入要求相对较高，需要有足够的资金、土地、科技等资源要素聚集，中小规模的家庭农场、农民合作社可能无法达到相应的水平。因此，各类企业、园区等规模化经营主体成为我国都市农业发展建设的主导，是都市农业经营主体培育的重要类型之一。成渝两地都市农业产业在发展目的、方式以及历史渊源上具有一定的相似性，可围绕生猪、柠檬、柑橘、川味等特色产业的产业链建设需求相似性，合作共建高能级企业与产业园区，培育在国际、国内两大市场具有较强竞争力的成渝都市农业经营主体，带动成渝地区都市农业智能化、智慧化发展。

围绕生猪、柠檬、柑橘、川味等特色产业链强化、延伸的现实需要，整理融合成渝两地现有企业的要素资源，合作共建一批涉及"川味"食品研发、农产品市场信息分析、食品专业供应链、都市农业专业化服务等方面的高能级都市农业企业。依托成渝地区历史悠久的川味文化，围绕"川味"食品口味调整、功能食品开发、产品形态创新等研发需求，引进培育一批高能级"川味"食品研发企业，同时针对婴幼儿、青少年、女性、中老年、上班族等不同消费群体，开展相关的食品研发工作。根据成渝地区数字农业、智慧农业发展的需求，围绕都市农业生产、储藏风险及质量安全检测的智能化自动化发展趋势，引进培育一批智能化生产的高能级企业。根据成渝地区都市农业食品消费市场信息收集、整理、分析的需要，围绕成渝两地的广汉市数字乡村运营支持中心、四川农村社会化服务总部崇州中心等农业大数据服务中心等建设规划，引进培育一批高能级农产品市场信息分析企业。围绕成渝两地已有或在创的区域公共品牌在提升产品包装质量、外观设计、文化属性及故事可读性等方面的发展要求，培育一批高能级产品形象设计企业。围绕成渝地区食品供应链转型升级发展需求，充分利用成都国际铁路港、德阳国际铁路物流港等物流载体建设，引入Costco、Sysco、京东等国内外供应链企业。围绕成渝地区都市农业在生产、加工、销售、营销、宣传等方面的需要，强化现有各类专业化服务主体间以信息为纽带的协同合作，发展培育一批具有都市农业服务功能的都市农业专业化服务企业。

围绕四川省与重庆市粮油、生猪、蔬菜等保供性产业及柑橘、柠檬、猕猴桃、茶叶等特色产业，依托两地现有产业园区建设基础，从成渝地区双城经济圈层面统筹编制成渝地区都市现代农业产业园区发展规划，整体提升现有园区技术装备水平，创新园区内部经营管理模式，强化产业园区在成渝地区都市农业发展中的引领示范作用。一是要整体编制成渝地区的都市现代农业产业园建设发展规划，从资源禀赋、社会经济、人文环境等多个角度思考，合理划分种业、加工、物流、研发、服务等功能板块，实现不同产业、不同环节、不同功能的产业园区布局，形成空间相对集中、产业联系紧密的主导产业发展格局，构建成渝地区"国家—省（市）—市（区）—县"四位一体的都市现代农业园区产业体系。二是要重视已有园区的改造升级，扩大园区种养循环、农业清洁生产、畜禽粪污综合利用等生态生产技术手段应用覆盖面，推动形成生产标准化、经营品牌化、质量可追溯的产业绿色发展路径。加快园区配套基础设施建设，构建依附产业发展的科技研发和技术推广体系，提升园区要素聚集能力，试点新产品、新技术、新装备的开发应用，扩大园区技术集成应用范围，助力园区技术装备升级，提升园区智能化、科技化、生态化发展水平。三是要根据产业发展的要素融合要求，健全产业园区内部运行管理机制，完善政府引导多企业、多主体积极主动参与的运营管理模式，形成产业园区持续发展的动力机制。特别是要创新园区带动小农户的经营收益机制，完善壮大合作制、股份制、订单农业等多种利益联结模式，大力发展"园区+农户"的发展模式，增强成渝地区都市现代农业园区的示范引领作用。

9.2.3 统筹推动都市农业社会化服务组织发展

都市农业经营主体良好有序的发展离不开完善的社会化服务体系，体系内部的社会化服务组织也是保障成渝地区都市农业发展不可或缺的主体之一，为此，发展主体多元、形式多样的都市农业社会化服务组织也是包含在都市农业经营主体培育工作之中的。要实现成渝地区都市农业社会化服务组织的统筹发展，首先要合理界定各类服务主体的服务半径，通过合作开展上层规划设计，规范布局、培育成渝地区各区（市、县）的涉及各项功能的服务主体，通过推动合理范围内的都市农业产业服务要素聚集，实现成渝地区都市农业社会化服务体系的效益最大化。

一方面，加快培育成渝地区各类都市农业社会化服务组织，增强农民合作社、家庭农场、涉农企业在都市农业发展中的优势和功能。支持农村集体经济组织通过发展农业生产性服务，保障都市农业发展的基本生产要素供给服务。引导龙头企业通过基地建设和订单模式为都市农业经营主体提供全程服务，缓解部分中小型都市农业经营主体生产外的要素压力。同时，支持各类专业服务公司发展，发挥其服务模式成熟、服务机制灵活、服务水平较高的优势。另一方面，可通过服务主体联合合作的方式，共建成渝地区都市农业社会化服务组织联盟，增强各类服务主体功能优势互补，实现服务内部链条的横向拓展、纵向延伸，形成成渝地区协同的都市农业社会化服务网络。引导各类服务主体围绕同一产业生产、加工、储藏、销售、管理的需求，以资金、技术、服务等要素为纽带，积极发展服务联合体、服务联盟等新型组织形式，支持各类服务主体与新型农业经营主体开展多种形式服务合作。同时，以联盟为载体增强与科技服务单位、金融供给单位等外部服务组织的合作，强化成渝地区都市农业社会化服务的力度。

9.3 扩大农村土地保护利用效率

成渝地区都市农业主要集中布局在城市及城市周边的区域，城市化发展带来的社会经济水平增长对此范围内的农村土地资源交易利用有着正向与反向两个方面的影响，表现在城市建设扩张在公共基础设施、公共交通建设等方面的公共投入，增加了农村土地的附加价值和利用成本，扩大了土地增值的空间。如2018年成都市郫都区郫筒街道用于商服用地的I级集体经营性建设用地的基准地价为132万元/亩，而远离市区的唐元街道用于商服用地的I级集体经营性建设用地的基准地价仅为46万元/亩。在交易过程中距离城市建成区中心较近的地块增值速度更快，如郫都区三道堰镇青杠树村2020年挂牌出让的一块商服用地，挂牌起始价达到120万元/亩，相似区域在2016年挂牌出让的一块商服用地，其挂牌起始价格仅为60万元/亩，年均增长率达到18.92%。而离城区相对较远的友爱镇麻柳村2020年挂牌出让的一块商服用地，挂牌起始价格为60.27万元/亩，相似区域在2016年挂牌出让的一块商服用地，其挂牌起始价格为55.21万元/亩，年均增长率仅为2.23%[1]（图9-3）。农村土地资源作为我国未来新型城市化的资源"发动机"，在较高的土地利用成本背景下，成渝地区都市农业发展必须采用更高效率的土地保护利用方式，同时也会推动配套的农村土地交易及供给模式的转变以适应相应利用方式的转变。为此，需要提升农村集体土地的利用效率，对集体建设用地供地模式、交易方式进行创新。

---

[1] 资料来源：郫都区规划与自然资源局。

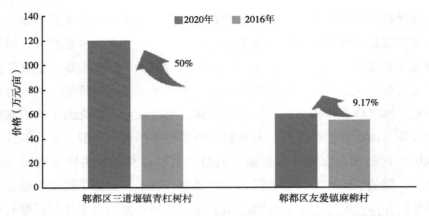

图9-3　2016年和2020年郫都区集体经营性建设用地挂牌价增长情况

9.3.1　协同编制实用性村庄规划

要营造良好的成渝地区都市农业土地要素利用环境，编制具有指导意义并符合城乡融合发展规律的顶层规划设计是关键的第一步。都市农业建设有很大一部分土地供给来源于城市周边的村庄集体土地，在全国统筹推进国土空间规划体系下，实用性村庄规划编制的好坏，直接影响着都市农业中土地利用方式与效率。整体来讲，应当根据城市周边村庄建设与城市场景再造的紧密关联，统筹各村庄的土地利用、产业发展、居民点布局、人居环境整治、生态保护和历史文化传承等现实需求，结合农村综合改革试点、新农村社区建设、土地综合整治等工作安排，在城镇开发边界外的乡村地区开展"多规合一"的实用性村庄规划编制试点工作，形成"一张蓝图、一本规划"，实现村域空间的科学设计和合理布局，以提高村庄土地要素资源在都市农业等产业中的利用效率。同时，城市周边村庄在编制实用性村庄规划时，编制要求中规定的农房建设和村庄整治两个方面，可根据都市农业功能融合的特征，编制涉及川西林盘、特色小镇、农业公园等特色观光旅游的产业发展规划内容，从顶层设计上保障成渝地区都市农业用地需求与效率。

在农房建设方面，按照产业发展布局和居民居住历史习惯，合理设定房屋建设的空间位置、建设范围和建设要求。需要特别指出的是，城市周边的住宅空间主要服务的是农商文旅体等农旅融合产业中的需求者，因此在编制实用性村庄规划时，要充分考虑到未来以都市农业为生态基底的特色民宿建设需求，在建设要求中纳入现代审美因素，在建设层数、高度、风格等规划方面可区别于传统农村住宅。在村庄整治方面，除了按照居民生产生活基本需求对村庄基础设施、公共服务设施及公共环境等进行建设外，也要按照旅游消费场景打造的要求，统筹安排村庄整体生态休闲环境打造方案，实现生态环境与都市农业产业发展的融合配套，合理增加旅游服务类基础设施建设、投入规划，保障城市周边村庄都市农业融合发展的公益性用地。

9.3.2　优化农村土地市场交易方式

成渝地区城郊融合区域的都市农业因其特殊的空间优势，在发展过程中能更好地获取城市化发展的经济红利，且城市农村居民跟随社会经济发展而高涨的高质量生产、生活与生态场景需求，以及城市化发展用地矛盾压力推动的规模化集约化生产方式，都直接或间接地增加了成渝地区都市农业的利益增长空间。为此，只有采取多方共同受益、长期稳定、交易成本较低的市场化土地交易方式，才能真正通过农村土地资源自由流动，实现成渝地区都市农业的可持续发展。

构建多方受益、长期稳定的农村土地交易方式，需要考虑土地流出方与土地流入方两类主体的利益关系。一方面，针对集体经济组织、家庭农场、农民等拥有农村土地所有权或使用权的土地流出方，通过对城郊地区土地价格变化趋势的预判，更加偏向于选择入股、短期租赁等方式，以便参与到农村土地资源长期利益共享当中，而不太愿意通过直接流转和长期租赁的方式。采用入股的方式，土地流出方可以通过股权分红的方式获得长期稳定利益。采用租赁的方式，土地流出方可以通过定期调整租期的方式参与到未来土地增值收益的共享行为当中。另一方面，针对涉农企业、旅游开发等想要获取一定年限的土地使用权的土地流入方，面对都市农业发展的大量建设投入需求，更加偏向于入股、长期租赁等方式，以便获取长期稳定的土地使用权限，保障获取都市农业投入的规模效益，而不太愿意通过短期租赁的方式。采用入股与长期租赁的方式，能在降低土地流入方土地成本压力的同时，也有利于获取长期稳定的土地使用权，能更好地进行都市农业的长期投入建设。由此可见，成渝地区城郊融合区域的农村土地交易采取入股合作的方式，能更好地满足土地流出和流入双方经济效益最大化的追求目的，而且城郊融合区域受到城市化建设的影响，使得一部分农业人口从种植业、畜牧业中剥离了出来，这也为农村土地资源采取入股方式交易流转创造了条件。

成渝地区城郊融合区域的农村土地资源要实现高效率的入股流转交易，首先，需要厘清土地流入方、集体和个人之间的股权关系。无论是对于承包出去的耕地，还是集体经营管理的建设用地，若土地流出方与单个农户进行入股流转交易，会极大程度地增加土地交易成本，而且单个农民主体在谈判中处于信息劣势，会在一定程度上造成对土地使用权所有者权益的侵害。为此，可探索设置"双层"股权的方式，通过组建集体经济组织或集体资产运营企业，在集体内部合理按照土地价值水平设立个人股，民主讨论决定是否设置集体股，实现对有流转意愿主体的土地资源聚集。再与土地流入方谈判设立外部股权关系，最终形成内外"双层"土地产权关系。其次，需要确定股份分红的方式。是否需要设定入股农户的最低保护数额，以保障土地流出方的基本效益，但设置最低保护数额对流入方而言并没有与流出方之间形成良好的风险共担机制，增加了土地使用者的运营管理压力。需要民主规定组织内部的利润分配顺序，是集体优先还是个人优先，各有利弊而需要根据集体经济发展水平因地制宜制定相关政策。再者，通过集体股所得收益应当通过投资发展集体经济，实现这部分收益对集体成员的反馈。而且在采取农村土地入股交易方式时，要合理规范地方政府责权范围，对于符合规划地块的流转利用不应有过度干涉，以市场化的方式实现农村土地股权化交易。

9.3.3 探索多元化的混合供地模式

都市农业与城市建设有着十分紧密的关系，不仅仅发挥着农业传统的生产功能，也承担转移城市中的生态、生活等多种功能，其发展建设不只在农业产业本身，也与农旅项目有着"生死相依"的关联，特别是川西林盘、特色小镇等农商文旅体融合发展的项目，都市农业在其中承担着生态基底的作用。在与周边环境和景观配套协调过程中，存在土地需求类型广、数量大的现实情况。传统的片状供地方式一方面不能有效满足多元化的用地要求，另一方面也极大程度地增加了项目建设的土地成本，而且城市周边面临严峻的建设用地稀缺问题，仅仅通过区域内部的土地流转无法有效缓解。为此，需要在规划和相关政策允许的范围内，在行政区域内部探索试点多元化的混合供地模式，突破健康养老、休闲农业、乡村旅游、农业基础设施等用地瓶颈，推动都市农业与旅游、加工、教育等产业的融合发展。在行政区域外部探索土地指标交易的跨区域供地模式，推动集体土地要素在成渝地区的双向流动。

在区域内部土地供给方面，2019年7月四川省自然资源厅印发的《关于规范实施"点状用地"助推乡村振兴的指导意见（试行）》和2017年3月重庆市国土房管局等印发的《关于支持旅游发展用地政策的意见》中，都强调点状布局、点状征地、点状供应的土地供应方式，有效解决了乡村旅游用地高成本的瓶颈。近年来，国家对集体经营性建设用地入市和宅基地"三权分置"改革要求深化，为农村集体建设用地入市流转创造了良好的政策环境，通过股份合作方式保障了集体农民的合法权益。为此，可将集体经营性建设用地入市中土地入股流转和"点状供地"征租配套的实践经验结合起来，在农商文旅体融合发展项目中探索集体建设用地的"点状供地"模式。具体来讲，项目建设涉及的集体建设用地按照

"建设（使用）多少、流转多少"的原则，以土地入股的方式进行项目建设用地流转，而项目生态打造所涉及的农用地和生态用地，以托管或租赁的方式进行相关配套供给，推动农旅融合项目的"点面结合、差别供地"，最大限度地降低建设用地供应压力和项目建设用地成本压力。

在区域外土地供给方面，成都市和重庆市在早期增减挂钩改革探索中，形成了跨城乡区域的土地"地票"交易模式，集体土地通过整理复垦形成建设用地指标，以指标交易、落地的方式获取城市内建设用地使用权利，以集体土地的异地交易方式盘活了集体资源和资产。按照成渝地区双城经济圈建设的要素流动要求，可将成都市和重庆市两地的"地票"规则和范围统一，并在两地选择合适区域进行跨省域的"地票"交易试点探索。为防止部分区域出现土地资源的极核效应，应当根据区域经济发展与城市建设的需要，合理规范确认指标流出方年度所能交易的最大指标数量，以及指标流入方年度所能供应的最大落地指标数量，以市场手段与政府手段相结合的方式，实现集体土地要素在城市与城市之间、城市与农村之间的跨区域流转，为成渝地区营造良好的土地要素资源协同利用环境。

9.4　保障产业资金多方供给

资金要素是都市农业发展建设的重要支撑，实现成渝地区都市农业多方资金的跨区域协同，是推动人才、土地、科技等要素跨区域协同的基础。然而，四川省2018年农林牧渔业的全社会固定资产投资年均增长达到8.7%，而重庆市2018年农林牧渔业的全社会固定资产投资年增长率为-9.5%[1]，还不能有效地支撑起科技要素应用比例偏高的都市农业发展。因此，需要推动其产业资金的多方协作供给，搭建起坚实可靠的产业资金投入基础。具体而言，需要在成渝地区构建"大循环+小循环"的两大资金循环环境，针对具有普遍性质的社会资本和农村金融，要构建出四川省与重庆市之间的资金"大循环"；针对具有地域性质的政府资金和集体资金，要构建出四川省和重庆市两地内部的资金"小循环"，而对于相关政策的制定与实施应当实现"大循环"。具体而言，通过深化涉农资金统筹整合长效机制建设、完善集体资产管理利用制度、建设成渝地区一体化农村金融体系这3条路径，推动多方资金"大循环"与"小循环"的相互作用，保障成渝地区都市农业发展的产业资金多方供给。

---

①　资料来源：《2019四川统计年鉴》和《2019重庆统计年鉴》。

9.4.1 建立涉农资金统筹整合长效机制

我国长期以来高度重视农业农村的发展工作，乡村振兴战略更是提出"把农业农村作为财政支出的优先保障领域，公共财政更大力度向'三农'倾斜"的财政支出要求，也在《关于调整完善土地出让收入使用范围优先支持乡村振兴的意见》中要求提高土地出让收入用于农业农村的比例，政府资金在农业农村的投入力度越发增强。2019年重庆市一般公共预算支出中的农林水支出达到389.53亿元，比去年同比增长6.20%，占一般公共预算支出的8.04%，四川省所占比重更大。2018年四川省一般公共预算支出中的农林水支出达到1 310.89亿元，比去年同比增长38.22%，占一般公共预算支出的13.5%。此外，各类涉农专项资金也在农业农村发展建设中发挥着不可替代的作用，2020年中央对四川省拨款77 611万元，对重庆市拨款33 721万元，用于农业生产发展的基建投资。四川省农业农村系统转移支付项目下达资金167.40亿元（包括中央和省级两部分），同比去年增长81.2%[1]（图9-4）。根据国务院《关于探索建立涉农资金统筹整合长效机制的意见》要求，四川省与重庆市积极开展内部涉农资金整合长效机制建设，围绕行业内和行业外两大部分的涉农资金进行统筹整合，推动两地涉农资金的高效集中使用。

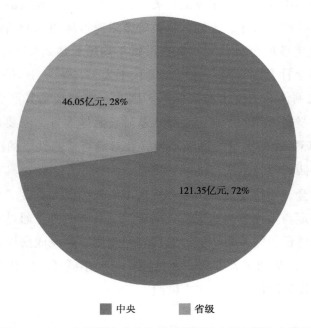

图9-4　2020年四川省农业农村系统转移支付项目资金情况

---

① 资料来源：http://www.moa.gov.cn/xw/qg/202004/t20200415_6341590.htm.

构建涉农资金统筹整合长效机制的关键在于通过对资金类别、资金使用范围、资金使用项目等进行整合，推动中央、省级涉农资金的集中使用和重点投放，提升资金的使用效率。一是合理确定整合类别，依托成渝地区双城经济圈建设对农业农村发展的新要求，根据农业农村改革、重大规划任务、农业生产救灾、农村脱贫攻坚、农民直接补贴等明确任务，在省级层面确定包括农业生产经营、基础设施建设、土地资源整治保护、农村脱贫扶贫、资源生态保护修复、农业农村改革等农林牧渔业相关的财政专项资金整合大类，推动行业内外性质相同、用途相近、交叉重复、使用分散的涉农资金整合合并。特别要注意规范确认土地出让收入用于农业农村建设的资金所属类型。二是根据省级层面涉农资金整合大类，地市级区域根据自身农业农村现代化发展需求，合理确定整合后的资金使用小类，特别注意都市农业发展在现代化技术、设施、设备及品种研发利用等方面的特殊要求，合理规范其资金申报的所属类别，增强现有的涉农资金对都市农业发展建设的资金支撑作用。三是重庆市与四川省要统筹考虑两地农业农村乃至都市农业发展的地位与目的，要在省级层面合理统筹设定涉农资金使用任务清单，并根据每年建设计划的变化而及时调整。地市（州）相关管理部门根据下达的任务清单及区域发展需要，整合资金使用的申报项目预算，并报地市（州）人民政府进行项目统筹后，报省级相关部门进行全省层面涉农资金申报项目的整合，通过对项目申报的有效把握，保障全省涉农整合资金的集中使用。

成渝地区涉农资金统筹整合长效机制要发挥作用，还需要后端的管理部门和监管、评价体系作为支撑保障。一是合理划分涉农部门责权关系，强化涉农部门协同合作。以相关管理为导向，合理确定各部门的资金管理权限，实现一类项目一个部门管理，提升涉农资金的申报、使用、管理效率。二是通过资金申请、使用、结余等信息及环节的公开发布，实现对涉农财政资金的监督管理。在管理部门内部要保障资金信息的公开和操作环节的透明，在社会大众外部要通过多种方式实现资金安排、项目建设内容、资金使用情况、资金结余回收情况等内容的公开公示，构建"内部监管+大众监督"的涉农资金利用监管体系。三是加快资金整合使用的综合评价制度制定，合理评估涉农整合资金的整合及利用质量，形成以资金使用效益为导向的激励约束机制。

9.4.2　完善集体资产管理利用制度建设

随着城市化发展而逐步扩大的城市范围，使得早期作用微小甚至无用闲置的集体资产在社会经济发展中的地位逐渐凸显，且在党的十九大报告提出实施乡村振兴战略后，集体经济的发展越发放在了国家发展的重要地位。截至2019年底，全国有5 696个乡镇、60.2万个村和238.5万个组拥有农村集体资产。全国共有集体土地总面积65.5亿亩，账面资产6.5万亿元，其中经营性资产3.1万亿元，占47.4%；非经营性资产3.4万亿元，占52.6%，集体资产高度集中在村一级，达到4.9万亿元[①]（图9-5）。由此可见，从全国宏观层面而言，农村集体资产总量庞大，在社会经济发展中占了较大的比重，但四川省和重庆市对集体经济的发展仍有巨大的提升空间。2019年底，四川省完成了41万个农村集体经济组织的清产核资，当年有收益的村达到27 745个，但收益在5万元以上的村只有5 055个，占18.22%。为此，成渝地区需要寻求新的路径与模式，以集体经济的高效管理、应用、流动，奠定其都市农业发展坚实的资金基础。

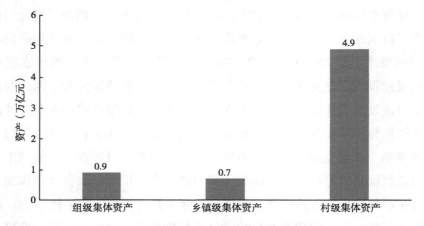

图9-5　2019年全国各级集体资产分布情况

　　四川省和重庆市在农村集体产权制度改革中取得一定成效，主要集中在前期的清产核资方面。2019年底，四川省已完成全省41万个农村集体经济组织的资产清理和权属确认，通过全国系统登记赋码建立集体经济组织33 822个，量化集体资产845.4亿元，15.03万个农村集体经济组织完成6项改革任务[②]，确认成员4 027万人。截至2019年9月，重庆市已有4 197个村、22 697个组完成农村集体产权制度改革任务，累计确认集体经济组织成员1 286万人（次），量化资产163亿元。未来，要实现成渝地区集体经济的壮大，需要在完成集体资产清产核资与成员身份确认的基础上，统筹梳理村民委员会政治功能与集体经济组织经济功能的关系，通过资产管理主体关系的规范推动农村集体资产的高效管理利用。需要明确的是村民委员会与集体经济组织之间是相互独立的，并不存在依附或者上下级的

---

① 资料来源：https://baijiahao. baidu. com/s?id=1672048276865755620&wfr=spider&for=pc.
② 6项改革任务为完成农村集体资产清产核资、确认农村集体经济组织成员身份、推进集体经营性资产股份量化、完善农民集体资产股份权能、开展登记赋码、强化集体资产管理。

关系[①]，应当尽快在四川省和重庆市两地已经完成清产核资的单位内部，对村民委员会和集体经济组织的管理目标、价值取向和运作规则进行区分、明确，合理规范村民委员会的公共服务范围和集体经济组织的集体资产管理义务，以此明确集体经济组织在发展集体经济中的主体地区。除此之外，未来四川省和重庆市农村集体产权制度改革应当重视集体经济组织的自主权问题，除在集体经济组织成员的资格认定和进出变动方面尊重村民自治的权利外，应当赋予农村集体经济组织市场主体的地位，以更好地发挥其带动农村农民生产的作用。在此基础上，需要进一步完成集体经济组织的内部运行管理机制，在发挥好农村基础党组织领导核心作用的同时，参考现代优秀企业的管理模式，通过成立监事会、董事会、村民代表大会等机构的方式推动内部的民主治理。

另外，还需要理顺农村集体经济发展与农村集体资产管理的关系，两者之间是相辅相成的。目前从成渝地区集体经济发展的情况来看，大部分单位主体存在重发展、轻管理的情况，其集体经济发展缓慢除受到外部自然、社会环境的影响外，不当的集体资产管理方式也导致集体经济遭受到一定损失，而无法通过资本积累推动集体经济的增长壮大。因此，成渝地区在农村集体产权制度改革过程中，除了要做好集体资产的清产核资外，更应该做好集体资产的经营和管理，只有实现集体经济发展与集体资产管理的有效结合，才能真正地发挥集体资产在农业农村建设中的资产支撑作用。针对集体资产管理的问题，除了需要重视集体经济组织的重要作用外，还应当完善相关管理制度和监督制度。管理制度需要提升资产管理人员的能力，并在使用时对集体资产进行准确的评估；监督制度可以实施政府监管与民主监管的双重监管方式，以及适当采用企业收益核算方式，对集体资产经营效益进行系统的核算。在全国农村推动经营性资产股份合作制改革的基础上，可在集体经济发展良好的村镇试点探索新型股权设置、管理、退出机制，民主讨论界定集体股与成员股比例，创新集体资产运行管理机制，有序推进集体产权交易流转范围扩大。通过搭建西部农业资源资产交易中心，加快建设县级农村产权交易平台，推进农村集体资源证券化，更好地满足集体资产多方主体的多元权利。

土地资源作为农村集体资产的主要组成部分，也应当在成渝地区进一步深化农村土地制度改革。一方面，可在两地改革成果上，协同深化农地"三权分置"改革。全面梳理两地在农地"三权分置"过程中所遇到的共性瓶颈，统筹选择适宜的区域开展核心制度攻关改革探索。围绕各类产业园区建设需要，探索"大

① 刘义圣，陈昌健，张梦玉. 我国农村集体经济未来发展的隐忧和改革路径[J]. 经济问题，2019（11）：81-88.

园区+小业主"等合作经营模式，推动农地规模化利用实现财产属性。成渝地区可率先起步宅基地"三权分置"的跨区域协同改革探索，全面梳理两地闲置宅基地资源状况，统一设立闲置宅基地资源目录，培育农村房屋（含宅基地）租赁市场，适度扩大宅基地使用权流转权限，推动闲置宅基地使用权流转实现财产属性。另一方面，规范统一成都市"地票"与重庆市"地票"交易规则、权限、范围等内容，探索搭建两地互通的集体经营性建设用地入市流转通道，构建全域覆盖的集体建设用地指标交易市场，凸显集体经营性建设用地的财产属性。

9.4.3 探索成渝地区一体化农村金融服务

面对乡村振兴战略对农业农村现代化发展提出的新要求，农村金融的需求范围与产品质量也随之不断扩大提升，截至2017年，中国农业发展银行四川省分行贷款余额1 595.76亿元，与2012年相比，增长率达到103.88%，全省累计在4 146个乡镇设立标准化服务网点9 237个、农村金融服务站点488个、农村金融服务联络员2 302个、布设各类自助银行设备41.51万台[1]。在成渝地区双城经济圈建设背景下，四川省与重庆市也根据自身经济结构调整要求，开始探索多方合作的金融服务路径。2020年4月，重庆农村商业银行与四川省农村信用社联合社签署了《共同推进成渝地区双城经济圈建设战略合作框架协议》，深入落实推动成渝地区双城经济圈建设"两中心两地"目标定位，积极支持数字经济与实体经济深度融合，促进资金、技术等资源要素高效集聚和优化配置，为成渝地区农村金融的一体化发展奠定了合作基础。

面对农业农村金融较大的需求水平现状，仅仅依靠政府主导的政策性金融主体是无法实现全覆盖和全支撑的，应当适度放宽农村金融市场对民间资本的准入限制，鼓励发展新型农村金融机构与组织，支持地方法人金融机构和符合准入条件的民间资本依法设立服务"三农"的中小型民营银行、村镇银行和金融租赁公司。优先引入和培育本地优质企业和种养大户投资入股，发挥农村资金互助合作社、农村合作金融公司、村镇银行等新型农村金融机构的农业农村金融优势，积极探索合作共建农业投资公司，以项目投资的模式实现两地农业相关资金的统筹使用。同时，要推动成渝地区农村金融主体的合作联系，构建区域内农村金融机构间的"网格化"服务体系，在不同类型的农村金融主体间形成优势互补关系。一方面，围绕成渝地区农村金融体系建设瓶颈，联合两地农业银行、农业发展银行、农村商业银行、农村信用合作社等多类农村金融机构，定期组织召开"成渝

---

① 资料来源：http://www.ddxyjj.com/zhuanti_xiangxi.asp?i=7580.

地区农村金融座谈会"，建立成渝地区农村金融座谈会常态化机制，协同致力于完善成渝地区农村金融服务体系，更好地保障农业社会资本在成渝两地流通。另一方面，地方政府出台相关优惠政策，引导推动各农村金融机构资源共享、信息互通、平台联动，通过区域内机构合作的方式，研究制定成渝地区金融政策，推动各类人才的交流与互动。此外，还需在成渝地区各类农村金融机构内部构建金融服务产品的竞合关系网，充分利用金融企业、银行、信用社等主体在金融市场、资产管理、农村信用、贸易金融等方面的优势，启动或深化农业保险、集体资产担保、产业贷款等业务合作，实现优势互补、共赢互利。

围绕成渝地区农村金融服务主体的"网络化"合作，在相关合作机制建立完善的基础上，从构建良好竞合关系的角度出发，丰富信息共享、金融产品、信用担保等服务内容。一是依托成渝地区西部金融中心建设要求，因地制宜地开展都市农业（农业农村）生产经营主体的信用信息采集，同时辅以"信用户、信用村、信用乡"等整体性信用评价的方式，形成成渝地区都市农业经营主体信息数据库，并合作搭建农村金融服务信息网络平台实现相关信息的共享。二是根据成渝地区都市农业经营主体信用信息建档立档情况，构建区域互通互联的农村金融信用体系，形成统一的都市农业经营主体信用评价方式及程序，并在农村金融服务信息网络平台建立主体信用"红黑榜"定期公布制度，创新"信息收集+信用评价+信贷投放+社会应用"的农村信用金融服务模式。三是围绕成渝地区都市农业发展的产业特性，针对全产业链创新农村金融产品，发展农业农村绿色金融，健全多层次的农村金融市场。针对都市农业在设施设备、科技研发、产品更新、基础设施等建设发展方面资金需求量大的现实问题，鼓励金融机构组合运用信贷、租赁、期货、保险、担保等多种方式，同时持续拓宽农业农村资产抵押担保的金融服务产品，最为重要的是丰富集体土地资产的金融产品，以满足都市农业的资金发展需求。此外，都市农业在一定层面已超出农业范畴，应当探索符合都市农业产业融合发展需求的都市农业保险产品。鼓励金融机构利用微贷技术进行信贷流程再造，积极向符合条件的农户、新型农业经营主体发放信用贷款，提升农村金融服务主体覆盖范围。

9.5 营造高效农业科技环境

发展都市农业作为我国实现农业现代化的重要手段之一，且都市农业与城市建设紧密相连的现实特征，导致其发展建设对科技创新要素的利用要求远远高于传统现代农业，而生产、生活、生态多元功能的融合表达要求，无疑也对都市农业科技要素的融合水平提出了更高的要求，需要围绕成渝农业科技创新主体关系、国际农业科技合作交流、全域农业数字化发展、都市农业科研服务平台、科技创新协同管理机制等方面内容，营造更加高效、高质、高能的都市农业科技合作环境。

9.5.1 理顺成渝农业科技创新主体关系

在面对农业科技创新的"高风险、长周期、低效益和公益性"特性，成渝地区农业科技供给方式以政府、科研机构、高校为主导，使得涉农企业、经营主体的创新能力不强，导致创新资源投入的不协调，甚至出现成渝地区之间的农业科技重复投入的情况，具体表现在研究与试验发展（R&D）经费支出方面。重庆市2020年单位科研机构的平均支出是12 105.86万元，单位高等院校的平均支出是3 729.83万元，单位企业的平均支出是1 297.10万元，且在企业研究与试验发展（R&D）经费的372.66亿元总支出中，工业企业部分就达到了335.89亿元，占90.13%（图9-6和图9-7）。四川省2020年单位科研机构的平均支出是16 933.30万元，单位高等院校的平均支出是3 687.99万元，单位企业的平均支出是671.38万元，远低于科研机构的平均水平。在企业研究与试验发展（R&D）经费的547.44亿元总支出中，工业企业部分就达到了427.64亿元，占78.11%[①]（图9-8）。改变此类现象的关键在于全面厘清四川省和重庆市自身、四川省与重庆市之间的科研机构、高等院校、创新企业乃至经营主体之间的农业科技创新分工与任务，这也是构建成渝农业科技协同创新体系的关键基础所在。只有厘清各创新主体的职责分工，才能以推动创新链与产业链的高效融合来实现科技创新协同。

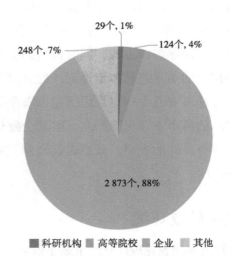

图9-6　2020年重庆市R＆D活动单位数情况及占比

---

① 资料来源：《2019四川统计年鉴》和《2019重庆统计年鉴》。

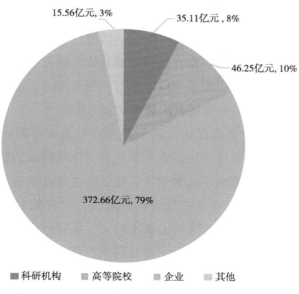

图9-7　2020年重庆市各科研主体R＆D经费及占比

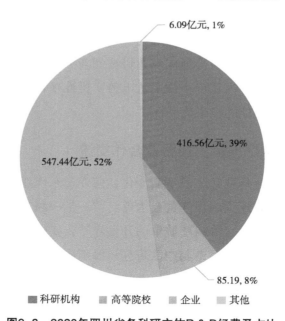

图9-8　2020年四川省各科研主体R＆D经费及占比

在宏观层面，围绕四川省与重庆市粮油、蔬菜、生猪三大基础产业和水果、中药材、茶叶、调味品等特色产业发展在品种研发、精深加工、保鲜储藏、质量检测、农业机械、病虫害防治、动物疫病防控、农业耕作方式等产业链建设的技术需求，充分把握两地农业科技创新基础条件，准确把握各自的农业科研侧重点与区域合作方向、范围，采取"合作+自主"的模式实现产业链的创新链布局。在合作方面，推动两地围绕品种研发、精深加工、保鲜储藏、质量检测等具有普遍性、基础性、广泛性的产业技术需求，联合成立农业科技创新团队以实现科技资源的跨区域聚集融合。而对于具有针对性、区域性、产业性的农业机械、病虫害防治、动物疫病防控、农业耕作方式等方面的技术研发，四川省与重庆市两地可以根据自身产业布局与发展需求，以区域自主研发为主、部分关键技术合作研究的方式，实现两地农业科技资源利用效率的最大化。

在各类创新主体的中微观层面，基于四川省与重庆市的宏观科研的分工合作，根据科研院所、高等院校、市场企业及经营主体的科技创新方式、服务重点以及效益考核的差异，合理确定成渝地区各类创新主体在农业科技研发过程中的重点方面。具体而言，以政府为主导的科研院所，具有较大的区域公共服务性质，在科研工作中应当偏向于重大核心技术攻关、国际前沿先进技术研发、具有公益性和普遍性技术研发等方面。而目前与科研院所具有明显科研重叠情况的高等院校研发工作，应当发展为对科研院所的研究活动的补充。与产业发展紧密相连的企业科研，更多的是以产业发展需求为导向，重视对某一产业的某一方面或某一环节的具体问题进行针对性的创新技术研发，而科技创新能力相对偏弱的农业经营主体在此体系中，重点是发挥对某一创新成果的转化应用和推广示范的作用。需要特别指出的是，在成渝地区农业科技创新关系中要重视创新人才与乡土创业人才的基础性作用，发展以小微团队申请实用性项目的科研激励投入模式，更大程度地释放创新主体的自主能动性。

9.5.2 推动成渝地区国际农业科技合作交流

近年来，随着国际产业分工的不断深化，南亚、东南亚与我国经济发展联系日益紧密，西部陆海新通道、长江黄金水道、"一带一路"等国际化交易通道的建设，提高了我国成渝地区等内陆城市的开发水平，实现了陆海双向深化发展。2020年1—9月，西部陆海新通道与中欧班列（渝新欧）、长江黄金水道，联运超6 500标箱，货值超65亿元[①]，且目前西部陆海新通道已经实现对西部12个省的全面覆盖，重庆市2019年对东盟的进出口总值同比增长43.2%，四川省也同比增长19.7%。物流的国际化发展必将带动信息流、技术流等配套要素的国际化流动，成渝地区应当紧紧把握西部陆海新通道、长江黄金水道、"一带一路"等国际化交易物流通道建设所带来的农业科技合作机会，需要对成渝地区国际合作制度、方式、模式等方面进行探索，更好地推动成渝地区国际农业科技合作交流。

项目合作模式仍然是农业科技创新合作的主导模式，是能实现投入与产出

---

① 资料来源：陆海新通道激活西部新动能. https://baijiahao. baidu. com/s?id=168602359317743236&wfr=spider&for=pc.

效用最大化的方式。然而，与成渝地区内部的跨学科、跨部门、跨区域的农业科技合作不同，国际合作涉及"两方环境、三方利益"的问题，即国内国外的两种不同科研环境和四川、重庆和国际科研组织的三方利益关系，会在一定程度上增大合作行为的成本，为此成渝地区需要通过两个层级的合作，以更加精准的合作方式减少不必要的无效成本。具体而言，四川省与重庆市之间项目需求的梳理合作为第一层级合作，是成渝地区农业科技国际合作的基础。要针对两地农业产业链建设发展的需要，通过两地政府农业主管部门的协同领导，各类科研主体围绕需要国际科技资源帮助与具有重大实践意义两个方面的要求，系统梳理出实施国际合作的科研要求与目的，以形成"区域共性、产业共性与地方个性"3种类型的合作项目。成渝地区与国际科研组织之间的项目合作开展为第二层级合作，按照"谁受益谁出资"原则合理确定成渝地区与国际科研组织的出资、收益比例，而在成渝地区内部采取协商的方式确定双方的出资、收益比例。除以项目合作为主导的短期针对性合作模式外，成渝地区还可构建科研利益共同体，通过人才交流、开展论坛等多种形式实现与国际科研组织的长期交流合作。

除了将农业科技创新需求导出去外，成渝地区可以通过国际农业科研资源引进来的方式实现与国际的合作交流。根据成渝地区现代农业发展需要，筛选一批国际农业高新技术创新企业，允许其将生产中心转移到成渝地区的同时，设立相应的研发中心，实现对国际科技资源的引流，在提高区域研发人员研发素质、促进相关产业发展等方面发挥作用，使得本地科研机构能在良好的竞争环境中得到发展壮大。同时，要发挥地方政府在人才培育中的公共服务作用，可依托西部陆海新通道、长江黄金水道、"一带一路"等国际大通道的交流优势，与沿线国家合作成立成渝国际创新中心，在开展相关领域科研合作的同时，实现高层人才培养，推动国际先进农业科技思维在成渝地区的内生转化。

9.5.3 合作推动全域农业数字化发展

发展数字农业，对农业研发、生产、管理到销售的全产业链相关信息进行准确定量并数字化，建立起各环节数字化机理性的联系，是农业现代化发展的信息基石，能为农业科技创新研究建立起强大的数字资料基础。四川省成都市邛崃市建立了四川省粮食丰产数字化管理技术示范区，构建作物生产基础农情信息管理系统，提高作物生产管理的智能化水平；成都市蒲江县大力支持农业龙头企业开展数字农业建设试点，部分企业建立农产品（水果）可追溯体系，保障了农产品的质量安全检测需求。截至2020年，重庆市建设了200个智慧农业试验示范基地，开始对农业机器人、智能农机等先进设备设施进行投入。但从成渝地区整体来看，区域农业数字化发展尚未形成农业信息资源共享，难以实现数字资源的互通互联，且数据采集、处理、发布标准的不统一，导致区域内部的农业信息质量不高且实用性较差。

要推动成渝全域农业数字化发展，首先需要构建全域通用的，包括农业自然资源数据、农业生产信息数据、种质资源数据、农村集体资产数据、农业经营主体数据在内的基础数据体系，实现四川省与重庆市都市农业发展数据信息的互通。该基础数据体系的核心内容是围绕农业全产业链中"种业、种植、收储、加工、运输、销售"等环节，构建包含成渝地区"农业自然资源、农业灾害、农业分区、农业产业、农业投入品、农产品质量与品牌、涉农机构、农业基础设施、农用地权属、交易数量"等数据的收集服务网络，搭建全产业链大数据库，提升全产业链生产效能。围绕成渝地区农业全产业链中"种业、种植、收储、加工、运输、销售"等环节，设定四川省和重庆市共通的数据采集、预处理、分析、发布标准，构建能够在两地互通互用的包含农业自然资源、农业灾害、农业分区、农业产业、农业投入品、农产品质量与品牌、涉农机构、农业基础设施、农用地权属、交易数量等数据的成渝农业全产业链大数据库，为更好协同开展农业科技创新工作提供大量数据基础。

围绕成渝农业全产业链大数据库建设的基础设施需要，采取"优先试点、逐步推进"的建设逻辑，在成渝两地统筹选取具有良好生产条件基础的粮油、生猪、蔬菜产业和具有良好地理空间优势的特色产业，优先布局智慧（数字）农业集成应用装备，建立健全农业产业"天空地人"四位一体大数据采集机制和体系，建设整合利用农业遥感监测地面网点功能区、农业物联网试验示范区（点）、农业科学观测试验（监测）站（点）、数字农业试点功能区、现代农业园区中的物联网数据采集设施，开展农业产业数据收集、处理、共享试点，从产业体系内部突破成渝两地农业基础信息数据的互通互联壁垒。在相关基础设施建设过程中，除部分大型数字中心、数字平台建设外，针对相对独立且体量较小的设施设备，按照"统筹安排、独立建设"的运作方式，在统筹规划的基础上，两地政府或企业独立开展具有统一标准的智慧农业基础设施建设，最大限度地降低相关基础设施建设的合作成本。

为保障成渝地区农业基础数据的高效利用，可利用大数据分析、挖掘和可视化等技术，建立相关知识库、模型库，开发监督管理、科技教育、资源环境、国际合作、政务管理、统计填报以及农村社会事业等功能模块，建立起成渝协同的数据服务、知识共享体系，帮助农业经营者及时有效地获取、利用相关农业生产经营数据，同时也方便两地农业主管部门获取产业基础信息，为政策评估、监管执法、资源管理、舆情分析、乡村治理等决策提供支持服务，营造良好的农业科技创新数字化共享氛围，最大限度地实现成渝地区科技资源的互融互联。

9.5.4 加快建设区域农业科技协同平台

在2020年1月3日的中央财经委员会第六次会议上提出建设成渝地区双城经济圈，根据科技创新需求提出以"一城多园"模式合作共建西部科学城。同年4月，两地科技厅（局）签订《科技专家库开放共享合作协议》，同时，重庆高新区和成都高新区联合编制《重庆高新区 成都高新区"双区联动"共建具有全国影响力的科技创新中心工作方案（送审稿）》。2020年8月，重庆市科技局与四川省科技厅组织启动川渝联合实施重点研发项目申报，聚焦人工智能和大健康两大领域的共性关键技术，这无疑为成渝地区的都市农业科技创新发展提供了坚实的平台基础。为此，可以围绕西部科学城建设的基础与条件，探索共建成渝农业科技协同创新平台，以平台为支撑构建成渝地区都市农业科技创新资源聚集地、高新人才资源富源地、成果转化实践地。具体来讲，应该重点围绕成渝地区都市现代农业供应保障、价值输出、场能数字的新发展需求，梳理联合两地高等院校、科研院所、创新型企业、产业园区等创新主体，依托现代信息技术内设都市农业科技信息平台、都市农业技术装备平台、都市农业生产技术平台和都市农业现代服务平台，形成"信息—装备—技术—服务"四位一体的科创资源集聚模式，推动成渝两地都市现代农业产业链的创新链协同配备，搭建成渝地区科技创新要素高效流动的平台载体。

9.5.5 共同完善科技创新协同管理机制

成渝地区的农业科技协同创新行为的持续发展以及符合社会经济发展规律的良性互动，都离不开特定作用机制的保障[①]。针对成渝地区的农业科技创新，建立包括协同领导决策机制、人才互认机制、风险补偿机制、利益共享机制及知识产权保护机制等在内的机制体系，是推动农业创新行为跨区域持续发生的根本制度保障。

若从四川省或者重庆市两地单独来看，都有较为完整的农业科技创新决策机制与决策主体，但彼此之间尚未建立起统筹协调和沟通的机制渠道，造成成渝地区农业科技创新决策行为存在目标不统一、成本投入重复、政策结构比例不合理等问题，在区域协同发展过程中难免影响政策的可操作性与执行力度，甚至会在成渝地区协同发展中出现一方科技政策对另一方科技政策的"挤出效应"，从

---

① 资料来源：构建协同创新的管理体制[N].科技日报，2011-10-17.

而使得双方创新政策主体功能不能实现均衡发挥。因此，协同领导决策机制核心问题在于设立统筹协调的沟通机制。在组织方面，需要在成渝地区创建都市农业科技创新联席会议制度，由四川省与重庆市两地科技厅（局）农业主管部门与农业农村厅（局）的相关负责人组成成渝地区都市农业科技创新互通领导小组，定期组织召开成渝地区都市农业科技创新沟通联会，形成成渝地区都市农业科技创新年度计划与相关制度，为后期相关科技创新项目的申报与合作提供参考标准，以此对成渝两地科技公共资源投入作出统一的规划与部署，形成明确的区域人才总体发展方向和错位的地方人才发展重点。在沟通设施方面，可从信息化硬件入手，搭建跨区域协调的信息共享平台，以信息化手段推动都市农业科技创新主体合作协调的常态化，从而形成有效的政策制度合力。

人才资源是成渝地区都市农业科技创新的基础，也是都市农业产业链强化的关键，只有实现了人才资源的互通互联，才能真正地实现都市农业科技资源的互通互联。首先，需要成渝地区都市农业科技创新互通领导小组全面对比研究四川省与重庆市关于人才培育、服务、保障等多方政策，准确把握成渝地区都市农业人才资源的实际需求与发展目的，为后期制定区域协同的人才流动、服务、培育等政策奠定坚实的人才基础。除此之外，实现成渝地区人才的互通互联，需要制定一体化的人才互认、人才市场、人才服务保障及人才考核制度，避免出现某一地区对人才资源的"虹吸效应"。一是实现"重庆英才计划""天府英才计划"等两地人才认证计划的互联，实施成渝地区人才认定程序、认定目的、认定结果的人才资格互认制度。二是以联合举办招聘会的方式构建成渝人才大市场，同时制定实施跨区域的人才培养挂职交流、人才信息平台共享共用等制度，推动成渝地区人才间的多向流动。三是按照"求同存异"的工作思路，构建整体统筹、偏重差异的都市农业人才培训制度，实现成渝地区都市农业人才培育的差异化统筹推进，也能更好地适应区域产业发展特色。最为重要的是需要针对人才资源工作生活服务的需要，在合作共建区域渐进试点户籍、教育、医疗、社会保障等基本社会公共服务的对接制度，对相关优惠政策并轨运行，保障高层次人才共享异地优质服务资源，为人才有效流动提供基本的综合服务保障。四是实施统一的人才考核制度，有效保障两地人才质量的统一协同。

科技创新资源是通过成果的转化应用在产业链建设中发挥作用，只有最终实现了先进技术在成渝地区都市农业产业中的转化，才是真正意义上的区域都市农业科技协同发展。为此，需要在成渝地区建立起"创新核心+辐射服务"等多种模式的成果技术应用转移体系，保障两地都市农业创新技术的共享共用。具体而言，基于成都市与重庆市优质的农业科技创新资源，形成成渝地区都市农业科技创新核心，通过建立技术转移联盟的方式，实现对周边区域的农业科技服务辐射，最终实现都市农业科技资源在区域内部的高效利用。同时，在联盟内部构建"教育、研究、推广"三位一体的都市农业科技推广服务体系，以联盟为节点联合研究所、高校、政府、企业等科技供需主体，在成渝地区现有的农技服务站体系中，引入研究所、高校的领导资源，将科技服务与科技创新紧密联系在一起，有利于高效、及时地进行农业"教育、科研和推广"一体化工作。

10 社会服务：健全区域都市农业社会化服务体系

在我国人多地少的基本国情下，以家庭承包经营为基础、统分结合的双层经营模式是我国未来长期稳定的农业基本经营制度，成渝地区都市农业发展也符合此规律情况。在产业竞争力提升的时代需求背景下，要将单一分散的小农户生产从全过程的生产经营束缚中解脱出来，需要围绕产业分工的基本逻辑结构为分散农户提供现代物质装备、先进信息化技术、先进管理制度等社会化服务，让其将有限的资源和精力用于擅长的产业生产环节中，多方发力推动成渝地区都市农业产业竞争力的整体提升。

10.1 优化跨区域都市农业社会化服务组织

平台是政策、信息、资金、市场、人才、技术、中介等资源的聚集场所，具有整合聚集农业资源的基础功能，通过平台实现农业资源供需双方的对接，满足各种创新主体的信息需求。都市农业综合服务网络平台作为集聚资源、服务"三农"、连接供需、要素中转的重要窗口，在经济社会发展中发挥着重要的要素聚集和经济辐射作用。围绕优化农产品现代流通网络、构建都市农业信息服务网络和都市农业服务载体网络这3个层面，搭建成渝地区都市农业综合服务平台，推动区域内不同创新资源及信息共享共用，为成渝地区都市农业发展提供重要的基础支撑。

10.1.1 规范跨区域都市农业社会化服务主体分工

都市农业社会化服务主体通过聚集科技、信息、资金、人才等现代生产资源要素，利用先进生产工具、技术和方法为都市农业生产经营主体提供相应的农业生产、经营、管理等现代化服务，是有效实现各类生产资料的集约高效利用、推动小农户低成本融入农业现代化进程、提升区域都市农业产业综合竞争力的有效手段之一。目前，成渝地区都市农业社会化服务主体包括以公益性服务为主的科研院所、高等院校、政府管理部门，以经营性服务为主的龙头企业、专业化服务组织，和以公益性与经营性服务相结合的家庭农场、专业合作社、种养大户等，不同类型主体在都市农业全产业链服务中发挥着不同的优势，需要进一步细分规范不同类型主体能力资源和服务偏重，形成"整体协调、相互补充"的成渝地区都市农业社会化服务主体分工体系，最大限度地发挥不同服务供给主体的服务能力优势，促进各类都市农业经营主体与社会化服务主体的有机融合，推动成渝地区都市农业向更高水平、更高质量方向发展。

一是强化家庭农场、专业合作社、种养大户等主体在生产环节的社会化服务能力。此类主体是由一定区域范围内的农户所组成，通常重点开展都市农业中端生产活动，与传统小农户相比较，此类主体具备一定技术、资金、设施、设备等优势，有开展都市农业社会化服务的资源基础，但相关资源的积累更多的集中在种养生产环节，对前端种业、后端加工存储、产品营销的环节涉及较少。因此，成渝地区需要鼓励引导区域内部家庭农场、专业合作社、种养大户等具备一定规模的都市农业经营主体结合自身种养环节的生产优势，发展提供农机、植保、收割、产地初加工等生产性服务，并研究制定符合其发展趋势与特色的社会化服务规范标准体系，统一服务合同，完备责权利约束。二是强化科研院所、高等院校、政府管理部门等公共平台的以科技服务为核心的公益性社会化服务能力。科技推广、技术培训、产业规划等服务供给具有宏观性和公共物品属性，需要具备公共服务功能的公共组织参与介入以保障相关服务的有效供应。因此，成渝地区支持地方农业院校与科研机构提供以科技服务为核心的公益性都市农业社会化服务供给，深化探索科技小院、专家大院、农民田间学校等农业科技缘分推广模式，支持引导基层农业科技服务组织开展农业技术推广与科普教育服务，发挥科研院所、高等院校、政府管理部门等主体在公益性都市农业社会化服务供给中的组织、资源优势。三是强化龙头企业、专业化服务组织等市场化主体全产业链社会化服务能力。目前，成渝地区都市农业发展对产业链后端的精深加工、品牌营销、电商物流、冷藏保鲜等服务需求攀升，而此类服务供给对相关技术、设施设备、资金投入、人才保障等要素资源要求较高，普通服务主体难以提供相应的专业服务，而龙头企业、专业化服务企业等市场主体具备资本、技术、信息等优势，可鼓励相关主体依托自身主营业务，通过直接对接传统小农户、家庭农场、专业合作社等生产主体的方式，以合同签订等形式提供长期稳定的以农产品储藏、加工、销售、运输、营销等服务为主导的全产业链社会化服务，鼓励农业企业瞄准农业生产新要素、新技术、新模式创新服务方式，以补充现阶段成渝地区产业链后端社会化服务供给短板。

10.1.2　创新跨区域都市农业社会化服务机制

良好适宜的都市农业社会化服务模式与组织形式是保障相关服务行为效益的关键，通过服务模式和组织形式的创新，推动区域内部都市农业社会化服务主体协同发展和资源整合利用，最大限度地发挥区域内部都市农业社会化服务产业效用，是未来成渝地区建设都市现代农业全面推进乡村振兴的必然选择，是探索小农户与现代农业发展有机衔接新路径的必然选择。

针对成渝地区都市农业社会化服务模式创新，需要针对不同产业、不同环节、不同主体的特点，因地制宜发展单环节、多环节、全程生产托管等服务模式，有效满足多元化的市场服务需求。具体而言，单环节托管服务模式和多环节托管服务模式的布局关键是要根据区域内部产业发展情况和经营主体特点，筛选划定相关服务提供涉及环节，研究制定不同环节的服务内容及标准，采取单个服务合同签订的方式实施相关服务行为，以推动区域内部农业劳动力资源的优化配置。而全程托管服务模式的布局针对不同产业研究制定包含供、耕、种、防、收、销等生产全过程的服务内容、标准及费用，关键是在服务供给方与服务需求方之间构建起更为紧密的利益联结机制，成渝地区可适度探索按粮食价格折价等付费方式，如成都市崇州市"共营制"模式可适度推广。

针对成渝地区都市农业社会化服务组织模式，需要充分调动基层党组织、村委会、集体经济组织等相关主体在都市农业社会化服务中的组织引导作用，探索建设多方参与、紧密连接、利益共享、风险共担的都市农业社会化服务联合体，推动区域内部产业服务资源的有效统筹聚集。一是推广"服务主体+农村集体经济组织+农户"模式，充分发挥农村集体经济组织的聚集组织农户作用，针对农户不同需求，统一对接联系服务主体，降低供求双方的交易成本。二是推广"服务主体+村两委+农户"模式，充分发挥村两委及党员干部的带头作用，引导示范小农户逐步接受农业社会化服务，对外出务工人数较多、劳动力缺乏、服务需求旺盛的地区，鼓励推广"整村托管"服务模式。三是推广"服务主体+各类新型经营主体+农户""各类新型经营主体（服务主体）+农户"模式，充分发挥农民合作社、家庭农场、龙头企业等新型经营主体带动农户的优势，在实现对规模主体服务的同时，辐射对农户的服务，同时规模经营主体也可以作为服务主体直接服务带动周边农户。四是鼓励农资企业、互联网平台、农业科技公司等各类涉农组织向农业服务业延伸，采取"农资+服务""互联网+服务""科技+服务"等服务方式，推进技物结合、技服结合，实现业务拓展、创新发展。此外，相关联合体应当聚焦区域内部都市农业发展需要，建立健全议事协商、涉农信息整合等机制，统筹内部农业社会化服务组织、农业专业合作社、涉农企业、家庭农场、种养大户等信息资源，引导成渝地区都市农业社会化服务供给的精准性与合作性。

10.1.3　拓展跨区域都市农业社会化服务内容

随着都市农业生产经营向商品化、市场化发展，新型经营主体对都市农业服务需求也不断向多元化、专业化方向发展，服务需求范围也从单一的生产环节逐渐延伸至农资供应、技术培训、产业规划、加工销售、质量检测、存储流通、品牌营销、金融保险、产权交易、市场分析等综合性领域，也为未来成渝地区都市农业社会化服务内容的丰富指明了方向。基于此，成渝地区未来需要围绕设施建设、人员培训、平台建设三方面布局完善产业链关键环节服务支撑体系。一是加快相关基础服务配套设施建设。成渝地区联合梳理区域内部粮食烘干、产品加工、冷库物流等服务基础设施建设情况，结合内部不同区域产业发展服务需求重点与偏好，统筹规划仓储物流、精深加工、信息服务平台等产业链后端服务基础设施建设，明确对各类服务组织开展服务所需各类基础设施建设的补贴支持，增强成渝地区都市农业社会化服务内容拓宽的基础设施支撑。二是围绕产业规划、品牌营销、市场分析等服务需求，依托四川农业大学、四川省农业科学院、重庆市农业科学院等区域科研研所，设立相关人员培训教育课程，提升服务人员市场化运营管理技能水平，优化成渝地区都市农业社会化服务内容拓宽的技术人才支撑。三是围绕金融保险、产权交易、质量检测、信息共享、品牌塑造等公共性服务服务需求，跨区域协同搭建相关金融、交易、检测、数据分析、对外宣传等公共服务平台，探索建立信息发布、农机调度、物流配送、金融保险等于一体的农业生产托管综合服务平台，强化成渝地区都市农业社会化服务内容拓宽的公共平台保障。

此外，随着信息技术的快速发展，数据信息服务已经成为都市农业社会化服务体系中的重要内容，未来成渝地区需要围绕产品追溯、旅游服务等方向，布局开展相关都市农业信息数据服务工作。一是探索建立成渝地区农产品追溯体系。针对区域内部柑橘、猕猴桃、茶叶等特色经济产业，围绕产品生产的关键环节布局建设数据采集设施，探索二维码技术与电子商务融合模式，构建相关产品信息醉宿、信息查询和产品销售于一体的信息供给体系。二是探索建立成渝地区乡村旅游服务信息体系。收集整合成渝地区民宿、采摘园、农家乐、观光园、产业园等乡村旅游资源及市场消费信息，利用大数据、云计算等信息分析技术规划设计针对不同需求的游客的旅游路线，增强地理信息网络的建设与应用，为用户提供更加快捷便利的休闲旅游出行服务。

10.2 壮大都市农业社会化服务专业人员队伍

专业社会化队伍是实施都市农业社会化服务行为的关键支撑，是保障都市农业服务体系有效运转的基本基础。都市农业作为现代农业中的一个新业态，在生产、加工、储藏、运输等环节的社会化服务需求更加具有综合性和融合性，但成渝地区现阶段的农业产业社会化服务队伍建设处于滞后水平，区域之间的服务队伍能力差距较大，且主要集中在产业生产环节，针对产前、产中和生产功能之外的服务供给相对缺失，不能更好地满足都市农业生产、生活、生态多元化的功能需求，需要从人员结构、人员素质等方面入手，积极开展提升其都市农业社会化服务队伍人员的专业素质水平的相关工作，更好保障成渝地区都市农业的高质量发展。

10.2.1 改进都市农业社会化服务队伍人员结构

从农业整体面来看，社会化服务队伍人员在专业、区域、年龄、学历等方面存在结构不平衡情况，如行政村较多的山东省，平均一个农技人员要负责11.5个村庄的农业技术服务，重庆市农业社会化服务队伍中高学历人员不足30%[①]，甚至部分地区出现了农业社会化服务队伍的老龄化问题，难以满足农业现代化发展的服务需要。都市农业作为一项综合性和融合性的现代农业新业态，在产业发展过程中对技术服务需求的内容、方式及重点均发生变化，从农业生产环节的"耕、种、防、收"4个基础环节向生产信息、储运、加工和销售等前后端环节延伸，需要根据此变化改进都市农业社会化服务队伍人员结构，以构建相关服务需求的专业队伍人员基础。成渝地区作为我国西部地区重要的都市农业发展区域，应当探索改进以都市农业全产业链发展服务为基本核心的社会化服务队伍人员结构，在都市农业社会化服务团队建设中打造成渝标杆。

都市农业社会化服务队伍人员结构改进主要涉及年龄、专业、学历等方面。在年龄结构改进方面要按照"循序渐进"的基本原则，通过返乡大学生、返乡农民、人才引进等多种方式，适度优化中青年人员比例，增强都市农业社会化服务团队的整体能力水平，提升团队整体对新鲜事物的接受程度。在专业结构改进方面，都市农业作为城市化快速发展的必然产物，其与城市经济建设发展有着密不可分的关系，相较于普通农业而言，都市农业更加重视生产、生活、生态多元

---

① 刘洋，陈秉谱，何兰兰. 我国农业社会化服务的演变历程、研究现状及展望[J]. 中国农机化学报，2022，43（4）：229–236.

功能的融合发展，有着满足城市食物安全、创造生态宜居环境、种养行为低污染等特殊发展要求，需要生态、园艺、机械、工程、物流等方面的专业知识作为基本支撑，因此需要在都市农业社会化服务团队中注意此类人员的引进培育，适度增加农业以外的专业人员比例。在学历结构改进方面，都市农业空间地理位置的特殊性，导致传统农业的部分设施、技术手段在其中难以达到相关生产要求，且都市农业生态、生活功能的发挥也需要相对高端的技术设施作为支撑，如垂直农业、设施农业等。因此，高端技术设施的使用成了都市农业发展的重要环节，相关社会化服务人员也需要对有关技术、设施设备进行掌握。虽然学历水平的高低不能直接说明技术应用水平，但学历较高的人普遍具有较高的自主学习能力，对新技术、新设备的接受速度和程度也相对较高，为此针对成渝地区的都市农业社会化服务队伍的学历结构也应该适度调整，合理增加高学历人员的占比水平，保障都市农业发展所需技术应用服务的有效供应。

10.2.2 提升都市农业社会化服务人员能力水平

都市农业作为与城市经济发展联系紧密的现代农业产业，其产业功能也在城镇化过程中发生变化，生产功能相对下降，生态和生活功能相对增强，这带来了生产经营方式的转变，经营内容的多样性导致对相应产业服务需求攀升，这无疑对传统的农业社会化服务人员能力水平提出了新要求。为此，成渝地区需要根据区域经济发展、农业科技发展、产业发展需求、产品市场变动，构建符合都市农业发展在农资、金融、法律、运储、加工、信息等方面需求的社会化服务人员能力水平提升体系，持续扩大都市农业社会化服务人员能力覆盖范围，不断提升都市农业社会化服务人员专业素质与能力，更好地为都市农业生产经营者提供精准、优质服务，增强都市农业社会化服务在都市农业发展中的效用。

都市农业社会化服务有效供应的前提是对经营者服务需求的准确把握，具体而言都市农业社会化服务产业是遵循市场逻辑的，是由市场供需关系决定的，而作为开展相关服务工作基本支撑的服务人员，其素质能力提升的重点和范围也受到市场供需关系的影响，因此，成渝地区需要准确把握区域内部都市农业发展的服务需求，以保证都市农业社会化服务人员能力水平提升的精准性和有效性。需要指出的是，都市农业产业服务需求包括产业链关键环节上的需求和产业链外部环境的需求，使得不同产业之间的服务需求既具有共同性也具有差异性，需要按照"宏观统筹、微观细分"的原则来进行都市农业社会化服务需求的归纳梳理。针对成渝地区柑橘、猕猴桃、茶叶、生猪、粮油等区域优势产业的产业链关键环节服务需求，分产业分环节梳理发展所需的技术、设施、设备、载体等需求，形成以产业本身为基础的都市农业差异性社会化服务需求清单；针对区域都市农业发展的外部环境服务需求，基于信息、金融、法律、保险、营销等重点需求，宏观系统归纳梳理区域都市农业产业发展的外部环境需求，形成以要素有效供应为核心的都市农业共性社会化服务需求清单。

围绕成渝地区都市农业社会化服务需求清单，由两地涉及区域的政府有关部门研究制定具有针对性的区域都市农业社会化服务人员能力和素质培训体系，打造都市农业社会化服务体系高标准、高素质的专业化团队。该体系重点包括培训课程方式的设计、后期考核程序的设计等内容。在培训课程方面，现阶段相关培训课程主要集中于生产环节的"耕、种、防、收"能力和技术培训，要将培训课程范围扩大至储运、加工和销售等前后端环节的能力培训，特别是要注意发挥都市农业生态和生活两大功能的产品营销、信息收集应用、绿色生态技术、景观打造等方面课程的设计。同时，相关课程需要分级设计，以保证不同能力水平、教育水平、学习水平的人员培训需求，为相关人员提供更符合自身素质能力的培训课程安排。在培训方式方面，可与区域内部农业科技园区、农业产业园区等产业主体合作，探索发展实践性较强的培训模式，形成"理论+实践"的区域都市农业社会化服务培训结构，增强相关技术技能的可操作性。在后期考核方面，要以都市农业社会化服务所能产生的产业、经济、社会效应作为参考，研究制定相关培训课考核制度及后期业务考核制度，持续推动相关服务人员素质和能力向市场需求方向迈进。在培训周期和范围方面，要避免现阶段大规模、大范围但实际效率偏低的农业培训方式，依托经济效益增减规律，合理确定最优的培训次数和单次培训人员数，提升相关培训活动的实际效益水平。

10.2.3 完善都市农业社会化服务人员激励体系

成渝地区现阶段都市农业社会化服务工作更多的是公益性、政治性任务，相关服务人员尚未形成内生性的服务行为实施动力，进而也无法更好地激发挖掘相关人员的内在潜力和创造性，导致相关都市农业社会化服务工作开展效率相对偏低，也无法更好地吸引更多专业人才投身都市农业社会化服务工作之中。为此，如何通过设计完善都市农业社会化服务人员激励体系，以激发内部自主动力，是壮大其都市农业社会化服务专业人员队伍的有效路径之一。

物质激励是激励体系中的基础，薪酬是其中的关键。目前，成渝地区都市农业社会化服务人员的薪酬标准主要是通过岗位、资历、学历3个方面进行确认，这与目前都市农业服务工作定性为公益行为有关。但都市农业社会化服务行为出现了向公益性和市场性相结合的方向转型趋势，此类方式忽视了不同专业方向、服务内容、服务范围在都市农业发展中产生的不同经济、社会效应，导致都市农业社会化服务人员的工资收入不能有效地反映其在都市农业发展服务中的贡献，难以对相关人员产生更大的内生激励作用，但想要短时间内改变此薪酬标准也存在一定困难。为此，围绕柑橘、柠檬、猕猴桃、茶叶等成渝地区特色高效益产业，在成都市、蒲江县、安岳县、潼南区等相关产业发展具有优势的区域开展都市农业社会化服务人员薪酬改革，将薪酬确定标准从围绕学历、资历、职位扩大至包含专业方向、服务内容、服务范围等内容，也探索研究符合当地产业经济发展规律的薪酬自然增长机制，增强其都市农业社会化服务人员薪酬水平与服务内容、服务范围、服务绩效、产业发展的黏度，探索形成更为深层次的都市农业社会化服务物质激励的成渝模式。

除物质激励外，精神激励、社会激励等都是成渝地区都市农业社会化服务人员激励体系中不可缺失的内容。一方面，精神激励是物质激励的一种补充，通常能产生持续性、强化性的激励效果，除了认可、鼓励、生活帮助等内容，晋升激励是精神激励的核心。目前，成渝地区都市农业人员晋升标准以文章、项目等研究型成果为重点，且相关人员流动性较大，没有相应完整的晋升通道和程序，难以获得相应的职位晋升，导致对都市农业社会化服务人员的晋升激励缺失。为此，成渝两地应当根据区域内部都市农业社会化服务工作特征与内容，协同研究制定多级都市农业社会化服务人员晋升制度，针对承担相应职能的党政机关、群团组织和事业单位，在招录（聘）相关职位工作人员和选拔干部时，同等条件下优先录（聘）用具有丰富基层实践经验的都市农业社会化服务人才。同时，探索打通成渝两地都市农业社会化服务人才互认机制，增强都市农业社会化服务人员职称的社会认可度。除职业体系内部的晋升外，也可从社会职务层面实施相应的"晋升激励"，一是注重把政治素质好、业务水平高的都市农业社会化服务人才吸纳进党员队伍，支持有突出贡献的都市农业社会化服务人才参与人大代表评选；二是鼓励符合条件的都市农业社会化服务人才通过依法选举、组织选配等进入社区（村）党组织、居（村）民自治组织。另一方面，都市农业社会化服务作为一种具有较强社会性质的工作，社会激励所产生的效果是其他两类激励无法替代的，重点需要通过表彰宣传、评优评先、经验分享等方式，适度提升都市农业社会化服务人员本身和其职业的社会地位，进而通过社会认可产生社会激励。就成渝地区而言，可鼓励生猪、柑橘、柠檬、猕猴桃、茶叶等优势产业主产区，定期联合组织开展都市农业社会化服务人才表彰活动，对政治坚定、业绩突出、群众认可的都市农业社会化服务人才给予表彰。鼓励成渝两地在省级层面联合开展优秀都市农业社会化服务人员经验分享活动，打造成渝地区的都市农业社会化服务品牌标杆，增强区域内外群众对该职业的认同。

10.3 创新都市农业科技服务系统

都市农业作为科技聚集程度较高的现代农业业态，科技服务是其社会服务体系中重要的组成部分，是推动科技创新成果与产业生产有机融合的有效手段之一。目前，成渝地区都市农业科技服务的科技成果供给方与技术设备需求方的联结大多只能通过政府相关部门实现，导致科技型企业、农村集体经济组织、专业化农业服务公司等社会主体在都市农业科技服务中所能发挥的作用有限，单靠政府的力量难以满足区域内部都市农业发展的科技服务需求，且地方政府之间的行政界限也限制了其高效发挥从宏观层面统筹安排实施都市农业科技服务性功能的可能，因此，成渝地区发展都市农业产业，需要重视科技服务在其中的贡献，要注意多元服务主体功能责权的有效界定，深入探索打破行政界线、主体界限的服务模式。此外，都市农业科技服务实质为市场供需对接的过程，信息高效流动是保证供需精准对接的关键，构建成渝地区公开互通的都市农业科技服务信息交流体系，也是搭建都市农业科技服务系统的关键一环。

10.3.1 厘清都市农业科技服务主体功能

成渝地区的科技创新资源相对丰富，拥有两江新区和天府新区2个国家级开发开放平台、10所"双一流"建设高校、22个国家重点实验室[①]，形成了较为系统的科技创新主体结构，为都市农业科技服务提供了丰富的科技创新主体基础。都市农业科技服务是一个复杂的系统，如何实现科技创新供给主体与科技成果利用主体的上下连接是其系统能够有效持续运作的关键，这单靠高等院校、科研院所等科技创新主体难以实现。此外，农业作为人类赖以生存的最基本产业，生存保障、基础性作用突出，推动其发展的科技创新应用都带有一定的基础性和公益性，政府相关部门或组织在其中通常占据主导地位，在早期农业现代化发展过程中推动着农业科技服务的快速发展。但随着农业现代化和市场化发展转型，政府部门为核心的农业科技服务体系缺乏适应市场需求变化的灵活性，进而逐渐出现了供需水平不匹配、资源整合不充分、信息流通不及时的问题，而都市农业与城市经济发展紧密的特殊性，使得其科技服务需求更具有变化性和灵活性。因此，成渝地区在优化都市农业科技服务体系时，要合理划分界定各类农业科技服务相关主体的功能与责权，推动发挥专业服务企业、社会服务组织、农村集体经济组织等相关主体的独特作用，使其在区域都市农业科技服务中各有所长、各尽其

---

① 陈涛，王思懿，吴戈，等. 成渝地区双城经济圈科技创新中心建设：现状、问题及对策[J]. 中国西部，2021（6）：23-31.

能、共同发展。

一是转变现行都市农业科技服务中政府相关管理部门的主导地位，将其责权界定在科技资源整合、宏观统筹布局等功能，发挥政府部门公益性、宏观性的服务作用。具体而言，成渝地区的各级政府相关管理部门可围绕共性产业开展相关合作，整理统筹两地相关科技创新资源，探索建立围绕产业本身的跨区域都市农业科技资源共享机制，推动实现区域都市农业科技协同创新，进而提高区域内部科技资源利用规模效益。二是强化农业科技创新主体的研发、创新核心作用，适度剥离其科技成果转化推广职能，强化其在都市农业科技创新中的主导地位，跨区域形成稳定持续的都市农业科技供给源。需要特别强调的是，要打破目前成渝地区基本依托高等院校、科研院所开展科研研究结构模式，可统筹选择培养多家具有一定科研实力的科研型企业，补充完善区域内部的都市农业科技创新功能。三是突出农技推广队伍、专业农业服务公司、社会服务组织等主体的"通上连下"作用，将其培养为区域都市农业科技服务体系中的骨干力量，扩大发挥联合供需双方、提供专业服务等功能，推动各类主体之间要形成公益性与经济性、针对性与普遍性相结合、补充的服务供给格局，真正实现都市农业科技供给方与需求方的有效对接。四是针对成渝地区大部分地区以小农户为主体的都市农业经营模式，发挥家庭农场、合作社、农村集体经济组织、专业户等主体贴近小农户、联系小农户的优势，推动小农户有效参与新技术、新设备、新品种的应用当中，增强小农户接受都市农业科技服务的可能性。

10.3.2 创新都市农业科技服务模式

合适良好的都市农业科技服务模式是保证各类科技服务主体发挥自身作用的关键，无论是何种模式都包含了创新研发、联系推广和农户应用3个环节，且各层级服务需求偏重有所不同，需要对各层级主体之间利益关系、发挥功能、交流方式等进行界定规范，推动知识、技术和信息的流动，最终实现对都市农业发展的科技服务。对于成渝地区都市农业科技服务模式而言，需要重点围绕跨区域服务、市场性服务、多资源协同等方面进行创新，增强区域都市农业科技服务的内生发展动力。

首先，成渝地区应重视要素资源的协同融合利用，科技资源是农业要素资源的重要组成部分，实施跨区域科技服务能推动内部科技资源跨区域有序流动，可以在全面梳理成渝两地都市农业科技服务资源的基础上，鼓励业务相似、环节相近、服务产业相同的主体进行合作整合，奠定开展跨区域科技服务业务的资源集聚规模效应基础，探索打破行政界线的都市农业科技服务模式。其次，市场经济的主要特点就是市场在资源配置中起决定性作用，科技作为都市农业高质量发展的重要要素资源，如何在满足基本发展需求的基础上，推动部分农业科技服务资源实现市场化转型，激发各类都市农业创新服务主体的市场活力，推动科技与产业的深度融合，是成渝地区打造具有全国影响力的科技创新中心的重点之一。为此，成渝可先行选择柑橘、猕猴桃、茶叶等经济效益相对较高的经济作物产业，探索试点专业化服务企业、社会服务组织在产业链部分环节提供营利性科技服务的模式与路径，引导此类主体根据自身特点与科技使用经营者、科技创新开展者建立紧密的利益联结机制，增强市场经济发展对都市农业科技服务供给的引导作用。此外，都市农业科技服务除了需要科技资源本身，也需要相应的农资资源、金融资源、设施资源、设备资源实现相关技术的使用，即都市农业科技服务是对整个系统的整体服务，若缺少了相应的辅助要素资源，会使得部分技术发挥效益受损甚至不发挥效益。为此，成渝地区的都市农业科技服务中需纳入金融机构、农资企业、农机制造业等科技外延主体，创新优化技术指导与物资供应相结合的科技服务模式，通过科技资源与其他资源的有机结合，增强都市农业科技成果推广应用效率和效益。

10.3.3　打通都市农业科技资源信息通道

信息时代的到来，为农业科技服务带来了新的可能，改变了传统依靠"两条腿一张嘴"的农业科技推广转化方式，实现了对大数量大范围的农业科技资源信息整合，在促进农业科技资源共享、农业科技协同创新、农业科技成果有效推广等方面具有独特优势和重要作用，缓解了农业科技需求与供给之间的时间滞后性，拓展了农业科技服务内容和覆盖范围。由此可见，成渝地区都市农业科技服务除了需要发挥机构、高校、企业等主体作用，也需要运用信息化技术手段，通过对相关都市农业科技资源信息的收集、整理、分析、应用，打破都市农业科技创新及服务过程中有形或无形的界限，更高效、更精准地实施都市农业科技服务工作。

目前，成渝地区在农业数字化服务技术方面得到一定发展，如成都市建立了都市农业管理信息系统、现代农业管理信息系统等多类市级农业信息系统，2020年重庆市全市建立市级智慧农业试验示范基地200个[①]，眉山市支持丹棱县建设中国晚熟柑橘交易中心，推动农业数字化赋能。但整体而言，成渝地区的农业信息数字化探索主要集中在生产环节，部分地区涉及后端产品销售环节，但针对农业科技成果推广服务所需要的信息数字化探索相对滞后，未来需要围绕平台、机

---

① 资料来源：《重庆市数字农业农村发展"十四五"规划（2021—2025年）》。

制、设施、人才等方面，推动都市农业科技资源信息数字化转型，构建符合市场经济发展规律的都市农业科技资源信息共享体系。

一是在整合成渝两地都市农业科技信息服务载体基础上，推动成渝两地有关部门联合建设成渝都市农业科技资源信息共享服务平台。按照"先构建信用，后扩大利用"的原则，研究制定都市农业科技资源信息采集、核实、整理、分析和公布标准与程序，以保障平台所收集获取、公开发布信息的真实性与可靠性，构建平台的基本信用基础。逐步纳入相关农业信息数字化服务企业、社会化专业机构等社会市场主体，持续扩大平台的信息覆盖范围与信息服务范围。二是围绕成渝两地特色产业与现代种业科技应用的信息需求特征，完善都市农业科技大数据标准化机制，探索建立都市农业科技资源信息有序公开机制，基于市场化规律，针对部分信息，研究建立区域都市农业科技资源信息有偿获取机制，探索研究平台市场化运行管理机制，构建稳定可持续的成渝都市农业科技资源信息共享机制体系，保障相关科技资源信息获取利用的稳定性和可持续性。三是根据成渝地区都市农业科技资源信息流通共享的现实需要，两地统筹规划布局农业信息数字化转型支撑载体、设施、设备，构建区域协同的大数据、云计算、人工智能等新一代信息技术在农业科技服务中示范应用的基础设施支撑。四是针对都市农业科技资源信息数字化应用的技术要求，加大对成渝都市农业科技服务队伍、人员、企业等相关主体的信息化应用能力的培育。

10.4 营造都市农业社会化服务政策环境

全面开展农业社会化服务是立足于我国"大国小农"的基本国情农情，推动农业产业现代化转型的重要手段，自2017年起，中央财政安排专项转移支付资金用于支持农业生产社会化服务，各级政府在制定农业支持政策时也逐步偏向于对服务供给的支撑，为发展农业社会化服务营造了良好的政策环境，由此可见，政策的出台优化成了政府推动引导农业社会化服务良性发展的重要方式。目前，成渝地区都市农业社会化服务总体处于发展初期，需要围绕财政、金融、保险、税收等方面，研究探索有针对性的产业扶持政策，同时围绕标准、规范、评价、人员工作生活保障等环节，研究制定都市农业社会化服务产业的规范引导政策，以良好政策环境为基础，引导培育区域都市农业社会化服务产业市场。

10.4.1 研究都市农业社会化服务供给标准体系

都市农业社会化服务已成为支撑都市农业高质量发展的重要手段，近几年我国涉农服务主体数量也逐年攀升，2020年底各类农业社会化服务主体超过90万个，但在数量快速增长的同时，服务主体的规模实力、经营水平、服务效果、服务价格、服务方式、服务标准等存在较大差异，在信息差客观存在的背景下，相关服务市场难免出现恶性竞争的情况，不利于区域都市农业社会化服务产业的市场化发展。2021年印发的《农业农村部关于加快农业社会化服务的指导意见》中强调要"强化行业管理，规范服务行为，优化市场环境，促进行业健康发展"，成渝地区双城经济圈定位为改革开放高地，无疑需要围绕自身区域特色产业的社会化服务需求，率先在都市农业社会化服务供给标准体系建设方面进行探索研究。

都市农业社会化服务标准既包括对服务内容本身的规范，也包括对服务主体市场行为的规范和服务组织主体建设的规范，规范服务内容能有效降低服务效果差异带来的不利影响，规范服务主体市场行为能降低市场不确定性所带来的隐形成本增长，而规范服务组织建设能从组织能力素质上保障服务质量。对于服务内容标准体系建设，要根据成渝地区特色都市农业产业链条建设需求，针对农资供应、生产保障、加工流通、融合营销等产业链关键环节与金融保险、政策咨询等产业外部影响因素，围绕服务供应方式、质量、时限、人员、流程等重点内容，研究制定成渝地区各类都市农业社会化服务标准子系统（图10-1）。并在此基础上，允许成渝两地具有相似产业布局的区域共同研究制定针对特定产业本身的服务标准细化体系，"点面结合、以点带面"的保障区域内部都市农业社会化服务质量。对于服务主体市场行为规范，目前，成渝地区尚未形成统一规范的都市农业社会化服务产业市场，相关服务关系的建立监督比较依赖于口头协定、熟人监督等非正式制度，尚不能满足都市农业社会化服务产业市场化转型要求。为此，需要根据市场化发展需求，对相关合作制定签署、服务行为监管、违约惩罚、价格确定等内容进行规范，以保障区域都市农业社会化服务市场的有序发展。特别需要重视对服务价格的监管，可通过相关信息收集平台的建立，实现对成渝地区全域服务供给价格的持续监测，防止交易过程中的价格欺诈和垄断。对于服务组织建设规范，成渝地区部分都市农业社会化服务组织存在团队力量不足、专业技术水平不高、设施装备不强、体系管理不优等问题，需要重点围绕场所要求、设施设备、人员要求、财务管理、信用水平等研究制定成渝都市农业社会化服务组织建设标准体系，试点形成成渝都市农业服务组织主体名录库，从服务主体源头保障相关都市农业社会化服务供给质量。

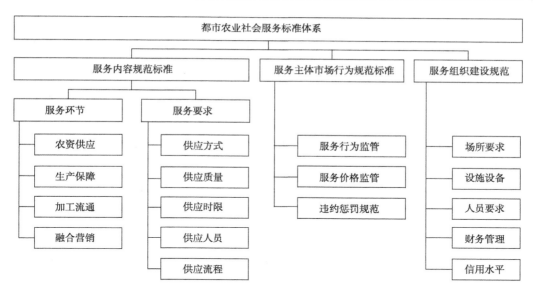

图10-1　成渝地区都市农业社会化服务标准体系示意图

10.4.2　健全都市农业社会化服务人员发展环境

为更好地保障都市农业社会化服务工作的开展，需要不断优化健全服务人员的工作发展环境和生活环境，以便引导都市农业社会化服务人员产生内生动力。就成渝地区而言，需要重点考虑区域之间的协同推动，在成渝这一中宏观层面构建相应的发展环境，以便更好地推动成渝地区都市农业社会化服务人员实现跨区域服务效益最大化。

在全面梳理成渝地区农业社会化服务人员工作环境优化的政策、措施、项目等基础上，围绕成渝地区特色产业发展、阶段、特征、区域合作等情况，了解相关服务工作开展的实际需求，研究制定成渝地区都市农业社会化服务人员发展环境优化重点清单，在成渝层面实现相关政策、制度优化方向与重点的统筹，以奠定成渝地区内部都市农业社会化服务人员自由流动、互通的政策基底。此外，良好统筹的人员录用制度是成渝地区都市农业社会化服务人员职业发展环境中的重要组成部分，成渝地区应当在人才流通渠道和人才信息体系建设两个方面进行先发探索。首先是畅通都市农业社会化服务人才流动渠道，加强人才就业、流动等方面的宏观调控和指导，通过专场招聘会、人才供需信息对接等形式，搭建人才和单位双向选择平台，促进人才有序流动。其次，加强都市农业社会化服务人才信息化建设，健全相关人才资源统计制度，逐步建成信息完备、动态更新的都市农业社会化服务工作专业人才库。

需要特别强调的是，提升认同是优化成渝地区都市农业社会化服务人员发展环境的重要一环，包括体系内部和外界社会两个方面的认同。一是强化体系内部对都市农业社会化服务人员的工作认同环境，针对录（聘）用到艰苦地区工作的都市农业社会化服务工作人才，同等条件下在提拔晋升、专业技术职务聘用（任）时优先予以考虑。探索将高层次都市农业社会化服务人才纳入高层次人才、急需紧缺和重点人才引进范围，按照规定享受户籍落地、引进人才住房申请等相关优惠政策，在选拔申报享受政府特殊津贴人员时要充分考虑符合条件的优秀都市农业社会化服务人才，增强职业吸引力。同时，保障都市农业社会化服务专业人才在服务工作中创新实务和理论研究，为其自身素质能力提升创造条件。二是营造社会对都市农业社会化服务人员的认同环境，深入开展优秀都市农业社会化服务项目和案例评选活动，建立健全优秀都市农业社会化服务项目库，加大宣传推广力度，并对优秀都市农业社会化服务项目和案例予以直接奖励。对于生活环境的优化，大部分都市农业社会化服务工作在生产服务设施相对落后的区域开展，成渝两地的地方政府需要根据自身区域内部公共基础设施建设规划布局，适度考虑对都市农业社会化服务人员工作生活区域的公共基础设施建设升级，保障其生活基本设施需求。同时，对自愿长期留在艰苦地区工作的优秀农业服务专业人才，当地政府部门要根据有关政策协助解决其住房、子女就学、婚配、就业等事宜，解决其工作的"后顾之忧"。

11 都市现代农业体系建设促进成渝地区乡村振兴与城乡融合发展

都市农业是一种都市圈内多功能的农业组织形式，依托城市的资金、人才、科技、市场等优势，将传统农业单一的生产模式转向多功能化发展，为大城市提供先进的、多样化服务。本研究以绿色生态发展为出发点，推动产业结构从生产主导型向融合主导型调整、产业场景从农旅融合型向城乡融合型拓展、产业策略从保障型向发展型转变、产业生态从政府主导型向政府服务型过渡。围绕绿色发展、供应保障、功能丰富、价值提升、要素协调及社会服务等方面重构成渝地区都市农业发展体系，积极对接现代化都市生存与发展需求，充分发挥农业的"生产、生活、生态"功能，推动农业产业创新性发展，促进城乡融合，助推乡村振兴。

11.1 助力农业提质增效

构建立体化、多元化的都市农业产业格局，以功能价值提升助力都市农业提质增效。围绕城乡居民生产生活相关场景功能需求，通过丰富城郊乡村休闲场景、创新城市农业体验场景、营造城乡农产品消费场景，探索构建都市农业多种产业业态，以关联延伸区域特色产业发挥都市农业多元化功能，拓展都市农业市场经济效益，实现对区域现代农业产业提质增效的引导。

搭建食物供应效率评估框架，以食物系统优化升级促进农业高质高效。农业高质高效发展的内涵包括以高质量的农产品满足人民日益增长的对美好食物的需要和以更好的农业资源生产出更多的农业产品，而通过构建成渝地区城市食物共同效率评估框架，对系统生产、运输和市场消费关键环节的数据采集方式和技术进行优化升级，以数字化手段全面把握食物"生产—加工—流通—市场—消费"的供应全过程，能有效提高成渝地区城市食物供需数据周期与时效的匹配程度，进而更好指导成渝地区都市农业生产者进行有效高质生产，推动成渝地区都市农业要素资源的合理配备，促进区域都市农业可持续健康发展。

构建都市农业特色产业集群，推动成渝地区都市农业向规模化、标准化、集约化方向发展。通过构建成渝特色调辅料产业集群、成渝水果产业集群、成渝大健康产业集群、成渝茶叶产业集群，推动形成上下游协作紧密、产业链相对完整、辐射带动能力较强、综合效益达到一定规模的都市农业生产经营群体，发展成渝地区都市农业产业化集群的"集聚效应"，实现区域资源共享，提高土地产出率、劳动生产率和资源利用率，引导成渝地区发展构建高质高效的都市农业产业体系。此外，构建区域特色产品全球价值链，引导形成区域产业和企业竞争优势，促进企业的规模经济和外部经济发展，有利于塑造地域品牌，提升品牌化地域产品的知名度，增强区域农业经济竞争力，对加快转变农业生产发展方式、推进现代化农业建设、统筹城乡发展具有重要意义。

11.2　促进农村宜居宜业

构建都市农业产业绿色低碳循环模式，持续优化农村人居环境。建立和完善低碳农业价值实现机制，激发农业经营主体及消费者支持农业低碳发展的内生动力，是促进低碳农业发展迈向新台阶的关键所在。推进低碳文化融入农业景观观光、家庭农场体验、农业庄园度假、乡土民俗风情旅游、农业研学等新业态之中，发挥文化赋能作用，实现低碳农业的良性循环。通过政府支持、市场运作、社会参与、分步实施的方式，注重县乡村企联动、监管运行结合，在成渝地区秸秆资源商品化、畜禽粪污的无害化循环利用、农药包装废弃物回收和集中处理等方面探索构建农业废弃物资源化利用有效治理模式，辐射引领各地加快改善农村人居环境，建设美丽宜居乡村。

打造城郊融合乡村休闲新场景，建设生态宜居美丽乡村。休闲农业的蓬勃发展不断打开乡村发展新空间，为全面推进乡村振兴注入新动能。通过打造田园生活体验型场景、传统文化教育型场景、农村生活优化型场景，将资源环境作为宝贵资产转化为未来乡村发展动力，吸引多方共同参与建设宜居、宜业、宜游、宜学、宜养的乡村社区共同体，带动区域经济产业健康发展。在融合成渝地区本土文化和地域风情的基础上，通过"乡村文化资源+文创提升"挖掘乡村旅游文化价值，形成循环形态旅游产业，实现教育型、认养型、观赏型等不同的乡村创意旅游模式，有利于推动农村经济转型升级，建设和谐宜居美丽乡村，对乡村生态保护和城乡融合发展，实现乡村振兴具有重要的意义。

健全区域都市农业社会化服务体系，扎实稳步推进乡村建设。健全农业社会化服务体系，是科技、信息、资金、人才等现代生产要素有效植入农业产业链的保障，是发展高效农业、绿色农业、质量农业的重要抓手。社会化服务组织是乡村生态保护和绿色发展的新生力量，可为绿色生产、绿色生活、绿色消费行动提供组织和资金支持，构建共建共管共享的生态系统保护机制，为统筹实现农村地区的生产发展、生活富裕和生态良好注入新动能。通过搭建都市农业综合服务网络平台、培育跨区域多元化社会化服务组织、选配都市农业社会化服务专业人员、创新都市农业科技服务系统、打造都市农业全链利益共同体等方式，推动成渝地区社会组织以常态化、持续性的方式参与乡村建设，为农业可持续发展提供有力支持，完善乡村社会治理机制，有效助力乡村振兴。

11.3　推动农民生活富裕

立足资源优势打造特色农业全产业链，多渠道促进农民增收。通过聚焦规模化主导产业、建设标准化原料基地、发展精细化综合加工、搭建体系化物流网络、开展品牌化市场营销、推进社会化全程服务、推广绿色化发展模式、促进数字化转型升级等方式构建完整完备的农业全产业链，充分挖掘成渝地区都市农业研发、生产、加工、运输、销售、品牌、消费等各环节产业市场价值与竞争力，拓宽产业经营者收益渠道，助力成渝地区农民增收。

实施都市农业复合型人才培养计划，以人才振兴赋能乡村振兴。构建适应成渝地区经济发展新形势的复合型都市农业人才培养体系，支持涉农高校学科融合性课程的建设。积极推进涉农校企深度合作，深化产教融合，加强涉农高校与对外涉农企业之间的实质性交流，提升复合型对外农业人才培养的综合能力。依托高校优势学科，开展高层次复合型农业人才培养，探索"产教融合、校企合作"协同育人机制，加大政府、高校、企业等多元主体共同参与都市农业复合型人才培养的推进力度。培育适应产业发展、乡村建设急需的高素质农民队伍，构建科学有效的新型农民培养体系，让新型农民真正成为推动农业农村现代化的主力军，实现"农业强、农村美、农民富"的惠民工程，以适应成渝地区都市农业高质量发展的人才资源需求。

打造农民专业合作组织，带动农民增收实现生活富裕。培育成渝地区跨区域多元化农民专业合作组织，通过各种形式的联合与合作，把单个分散的农户组织起来，变分散经营为规模经营，促进农业生产力水平不断提高。建立健全有利于农民合作经济组织发展的信贷、财税和登记等制度，着力培育一批竞争力、带动力强的龙头企业和企业集群示范基地，推广龙头企业、合作组织与农户有机结合的组织形式，让农民从产业化经营中得到更多的实惠。推进农民专业合作组织直接创办和经营农产品加工和销售企业、创办农业生产资料的生产和供应企业，延长产业链，获得农产品的增值利润，进一步分享农产品加工的附加值，扩大农民的增收空间。

11.4　推进城乡融合发展

　　畅通城乡要素循环，打造要素协作平台促进城乡融合发展。建立健全城乡"人、地、钱"等要素的平等交换、双向流动的政策体系，打通城乡要素自由流动的制度性通道，畅通城乡经济循环，促进要素更多向乡村流动，推动农村一二三产业融合发展，夯实农业农村现代化的物质基础，为农业农村发展持续注入新活力。加强农村吸纳生产要素的载体建设，通过利益链条把各要素主体有机结合并建立稳定关系，促进城乡生产要素合理配置、平等交换。通过构建要素协作服务平台网络、优化要素协作服务平台内部功能、创新要素协作服务平台管理运营制度，将要素平台嵌入现代农业产业体系建设之中，实现现代农业内部的要素聚集与产业升级。立足成渝地区特色资源，以产业发展将农村劳动力、农村特色资源与其他各类生产要素有机结合，吸引更多城市生产要素流向农村的同时，不断壮大农村经济实力，使城乡生产要素都能从中获取合理利益回报，实现城乡要素双向流动、合理配置、融合共生。

　　打造都市农业产业融合发展模式，以产业深度融合促进城乡融合发展。以区域农业农村资源为基本依托，在充分考虑城市建设发展需求基础上，通过产业链条延伸、设施技术渗透、体制机制创新等方式，将城乡资本、计划及资源要素进行跨界集约化配置，充分发挥乡村产业对城市生产生活生态功能的承载作用，引导推动城市与农村产业的融合发展，以产业融合推动城乡融合发展。